大是文化

做自己，還是職升機？

人人羨慕的工作金飯碗
永遠附贈難嚥的隔夜菜

20年品牌行銷經驗，資深品牌經理人
曾任寶僑、嬌生、葛蘭素史克等
跨國企業高階主管
郭艾珊——著

CONTENTS

第二章 升遷說明書，五件事你得「上心」……81

推薦序一

你想領兩倍薪水嗎？上位的格局

《內在原力》作者、TMBA共同創辦人／愛瑞克

作者的職場經驗與我高度相似，包括從本土MBA學位畢業後，即加入國際知名外商公司，面對高度競爭又快速變化的環境、歷練外派到國外的經驗等，都讓我在閱讀此書過程中產生高度共鳴。作者描述自己「經過兩年出頭的菜鳥生涯，就漸漸被磨成了老鳥」、「從生態鏈的底端漸次的往上頂替，不知不覺中成了資深品牌副理，也進入下一階段晉升的候選人圈當中」，這樣的高壓環境如實為外商公司最佳寫照！

猶記得我剛踏入職場時，老鳥就對我說：「我們是一個人領兩倍的薪水，

做三倍的工作。」告誡我說這一切都是我們自願，所以不要抱怨。如作者書中所言：「職場就是修行，要把為難你的人當成是菩薩來『逆增上緣』」（按：在佛法中，「增上」的意思是「幫忙」。有些緣分是從正面來幫助人，稱為「順增上緣」；另一種緣分則是用打擊來幫助人，則稱為「逆增上緣」）、「如果是不得不解決的麻煩，那就面對它、處理它，並且找尋由負轉正的機會。」這無論在外商公司或本土企業皆適用，**發生在我們職場上的所有人事物都是有意義的，而且由我們自己決定如何賦予它們意義**。

作者描述自己在菜鳥階段就面對嚴厲的總經理，他常將同事們上呈的報告「先揉再拋」、「人被宏亮的聲柱吼到失魂落魄，頻頻彎腰致歉，倒退出場」，人人皆畏懼，她卻敢在總經理辦公室奔跑、接住被拋飛在空中的報告、折返跑，這些情景令人驚嘆！

這也印證了她能夠從挫折中找到其他人掌握不到的機會，而讓總經理另眼看待，如此積極、正面的態度也成了她之後二十年，在職場一路「關關難過，關關過」的優勢所在。這樣的心態與勇氣，十足令我欽佩！

此書所談的許多觀念，與拙作《內在原力：九個設定，活出最好的人生版本》彼此相互呼應，例如她說：「想要升遷，自己就要做出上位的格局」，就如我強調的：「Be, Do, Have。先成為那樣心態的人，做出符合該心態的行為，然後獲得所要的結果。」如果我們的心態和職場成功者的心態一致，做出相同的選擇和行為，最後將獲得相似的結果。

我認為此書所談的諸多心態，都代表了職場成功者的心態，無論是職場小白或已經打滾多年的老鳥、主管們，都值得借鏡參考。

作者大量運用了自己親身經歷，以生動、鮮明有趣的敘事方式，有如小說般的故事情節，卻挾帶了職場應對進退的良好示範，幫助讀者們在輕鬆愉快的閱讀過程也能吸收到作者豐富的經驗，讓我讀來大呼過癮！

誠摯推薦此書給每一位職場小白，甚至是工作多年的老鳥們參考，或許你也會和我一樣認為這是一本必備的職場教戰手冊、可以快速提升自己能力的武功祕笈。願原力與你同在！

推薦序二

《伊索寓言》式的職場生存故事

出色溝通力教練／莊舒涵（卡姊）

收到出版社寄來的書稿，我才讀到第二章，就忍不住發 LINE 訊息給我一位朋友說：「我最近讀到一本即將出版的書，作者雖和我們都是舊世代的工作者，但她描述方式相當獨特，筆下敘述著真實又帶些諷刺的職場生態，並穿插她個人在職場中的工作態度與溝通應對方式，連我這個職場舊世代都看得頻頻點頭，一頁接一頁停不下來。」

三天後我在臉書又寫了一段話：「我第一次寫推薦序寫到，希望它下個月就發行（無奈還要兩個月），更忍不住想問編輯，有機會能介紹我和作者認識交流嗎？

這是一本談職場的書，因為她的歷練，從職場小菜到老馬都太適合看啦！書寫手法堪稱職場詼諧和諷刺的佳作，但又能結論出職場生存或活得精彩之道。書出來，我一定幫她大推特推，這三天我花了五小時看初稿，一字不漏的看完。這是所有吃人頭路者，從基層到高階都要拜讀的一本像是《伊索寓言》的職場故事書。」

先說說這本書不適合閱讀的對象：

- 工作積極樂觀又正向，從沒有過任何抱怨者。
- 人生勝利、職場一路順遂者，公司給機會、主管也提攜、同事都給力、部屬極力挺、廠商全配合、顧客好滿意。
- 工作、家庭、生活三者皆平衡，無須做任何取捨的你。

拜讀著艾珊近二十年的職場歷程，從初入職場尋找工作到獵人頭找上門合作，一次又一次的面試，在不同高度的她是怎麼做準備和應對；身為行銷工作者的她，從一個菜鳥到成為高階主管，每一階段和你我一樣有著高低起伏（說不定還比我們更慘），她又是怎麼去面對、度過和找到出路的。

二十年的工作轉換，不僅產業多元豐富，還有著外派在海外的苦戰，也曾在大陸、臺灣往返工作三年的我，看著她在海外的兩次奮鬥打拚，雖不羨慕卻很仰慕她的堅毅態度與睿智處事。

書裡更是涵蓋了和帶人主管、高階主管、部屬、跨部門同事、年輕工作團隊之間的愛恨情仇，她和我們都一樣，有人喜歡她，也有人不喜歡她，更有人會扯她後腿，有些人她善用溝通技巧與他們成了工作中的好夥伴，當然也有些人她選擇轉身離去。

一樣身為職場作家的我，看到艾珊如此率真用十萬字娓娓道來職場全面貌的真實故事，雖然我不認識她也未曾聽過她的名字，但我卻期望著每一位職場工作者都能有一本她的書。

年輕工作者可以看到自己未來的無限可能，先做好預備；中年工作者能認知到**職場都一樣，該怎麼被看見**；資深工作者則藉此檢視群體與自我，讓工作與生活別失衡。從別人的人生故事，思考自己的職涯；看他人的職場歷練，成就自己的未來。

推薦序三

努力很重要，但力氣要用對地方

S風格社群工作室創辦人／思紜（S編）

在亞洲教育體制下長大的臺灣人，已經很習慣「愛拚才會贏」的奮鬥模式。在考試升學時，認為只要拚命看書就有機會爭取、獲得更好的人生，甚至一直到了競爭惡劣的現實社會和職場，也都傻傻的以為只要努力做事，就有機會被看見、被升遷、被加薪，進而獲得別人眼中所謂的成功。

看到這邊很可能你也不懂這樣的做法哪裡出了差錯？而實際上當然也沒有所謂的對錯，只是有更好、更聰明的方法能讓你努力得毫不費力！

在職場上有許多埋頭苦幹、認真做事的人，無私的為公司奉獻了好幾年青春，卻始終無法升遷，我敢大膽的說多數人都把力氣用錯地方了，從未把眼光拉高一個層次去思考上位者的想法——總是挑了主管最不在意的事情來做。

他可能也從來都沒注意到，周遭那些很順利向上流動的人並非是天生的幸運兒，也並非單靠阿諛諂媚才在工作上如魚得水，而是把「努力」用在公司最在乎、對老闆來說最重要的事。不但把事情做好、也把人做好，更懂得花力氣「讓自己的努力被看見」，不讓任何一分一毫的付出付諸流水。

很多新鮮人都信奉「我是來工作，不是來交朋友」這句話，但我必須狠狠的拆穿社會的黑暗面，因為只要在這個世界生存，我們就得建立並顧及「表面的友誼」，那些真正聰明的人，往往是懂得如何讓公司從上到下的心往他靠攏，再小的功績都有人為他喝彩！反之那些不懂得做人的，無論立了再大的功，都有人想要把他拉下臺。而這本書正好能幫助社會新鮮人在**初入職場時**，**就先把「精準做事」的認知打好底！**除了有菜鳥該如何精準的抓住機會，為自己開拓升遷之路的技巧，也把在各種職場夾縫中求生存的眉角一次說明。相信透過作者的領導視角和實戰經驗，能引領你逐步越過工作瓶頸！

推薦序四

成功的人生本質上是一種主動選擇

蝦皮網路行銷部長／何芮德

和艾珊相識迄今快要二十年，最近一次相見，是在永吉路二樓的咖啡廳，隔著二級警戒下規定的隔板，艾珊邀我寫序。說實在話，我並不驚訝她寫書，但佩服她有勇氣邀請我寫序，畢竟我曾密切參與她打滾過的外商人生，難道不怕我大爆料嗎？

我們於二〇〇二年在P&G相識，她早我一年進去，當時都算菜鳥。讀這本書就像時光重新流過，慢慢的翻開大腦皮質，找到過去那幾年我們共度的美妙戰鬥時光。

書裡寫的故事如此精彩，像是虛構小說，卻都是真實事件。暗戀德國總監？是真的。我還記得她對著人家傻笑的臉，沒話找話談，如手機是哪一個牌子？Nokia還是Motorola？但藍色巨塔裡最經典的「公事包剪洞」事件，竟然沒有收入在這本大作裡面，可惜、可惜，希望第二本書能收進！還有，我們一同闖進公司頂樓天臺，在一間莫名其妙出現的佛堂，喝起紅酒來，而且當時艾珊懷孕，只能充當倒酒的小妹……太多荒誕無稽卻又無比精彩的過去。

時間兜兜轉轉，雖然不想，但我們也長大了，從討厭主管，變成被討厭的主管……在生活跟工作平衡的口號裡，思忖著最後的選擇。但職場還是給了我們應得的，曾經一起打拚的人跟事變成回憶，說不準是養分或是毒藥，但總之已經是身體裡外的一個部分。

如果職場是一個江湖，這便是那本讓你修煉絕世武功的武林祕笈，我誠摯的推薦給在臺灣這塊土地上打拚的上班族，原因有：一，裡面具有所有對付主管卻常保平和的技巧；二，把職場當成熱炒店（阿秋大肥鵝超推、超好吃），跟業務一定要搏感情，喝一次酒、共用一次洗手臺，第二天開會都特別順利！

三，臺灣是個「小而緩」的市場，如果想要變成絕世高手，勢必要去外頭江山轉一圈，而家庭支持跟個人決心是關鍵，要有長期抗戰的準備，絕非隨時打包回家的度假心態。

看著我的「臺灣水牛」好友一路打怪升級，走到今日，再重拾熱愛，用最舒服的角度，倒杯水拍拍椅墊，將自己安放妥適，我衷心的佩服她，能當一個主動選擇者，是職場最好的結果。恭喜艾珊華麗轉身，由外商高管變成文字創作者，也希望讀者和我一起享受這本書的精彩文字，這些都是親身認證過的職場人生滋味！

自序
搭上職升機，人生看更清

這不僅是一本教你如何快速升遷的書，更是一本讓你學習看清工作與人生、名利與自我的分際，並帶著幽默看待失敗與挫折的書。

從第一份工作開始，到著手進行這本書的寫作，中間已過了二十年。歷數這二十年來我工作過的企業、跨越的品類、不斷更新的名片頭銜、穿梭兩岸三地為工作而搬遷的次數，數字帶來的是快速升遷和豐富履歷，背後隱藏的卻是難以負荷的壓力與辛酸，以及看盡的人情冷暖。

我是一個企業中常見的小棋子，從第一份工作開始，每天不停的拚搏撞壁，到了回顧自己站立的位子，卻已不知道走了多遠多久、路程多繞，只知道自己身上多了許多東西，有知識、經驗、閱歷，也有疲累、失敗跟傷痕。

這本書從我初入社會的菜鳥時期寫起，歷經升遷、職場夾心層、換職風暴、兩度離開家鄉，前往香港和上海打拚，到最後回到臺灣，走上迥然相異的文學所之路。希望可以用輕鬆、幽默而從己所出的故事，帶給也在江湖中浮沉、企業修羅場上打滾的你，一些關於工作、關於生活、關於努力、關於接受失敗再不斷嘗試的建議。

工作在人生中，占據我們不算少的時間與心力，不少人和我一樣，曾用盡全力，想辦法豐壯自己的羽翼，希望自己能如同搭上一架直升機，一路飛黃騰達，扶搖直上。但命運對待每個人厚薄不同，有些人能夠在上升氣流待得夠長久，有些人則不小心失事墜落，在漫長職涯與人生中，諸多因素都不是駕駛或乘客能夠掌控的。重要的是，如何在旅程中學習付出全力，享受過程，接受結果的同時，不管曾飛抵的高度多高，最後都能平安降落。

我特別喜歡聖嚴法師的一段話：「開花結果是自然現象，開花而不結果也是正常，這就是因緣。」職場如人生，我們都要接受無常，放心思於努力的當下，見招拆招，不想太多，未來僅能期待，無法掌控。

職場上，**能步步高陞是好事，但未必能帶來長久寧靜的快樂生活，頂多是讓你看到更多眉角，用鳥瞰的視野，略得江湖全覽**而已。升官加薪固然值得恭喜，卻不代表人生的煩惱少了一點，還可能多上更多，到最後一不小心，發現自己過著一點都不想要的生活。而在那個時候，你有沒有勇氣做出不一樣的決定？無論是換工作、換跑道、或是換個生活方式。

希望看過我的故事，能夠帶給你勇氣與力量，職場不是人生的全部，盡力闖過就好；失敗挫折一定會有，痛苦低潮更是常常跟隨在成功順利之後來到，若一心只放在功成名就，人生大概沒有幾個晚上能睡得好覺，自己彷彿海中的一粒砂石，浪潮一波波襲來，每天被沖刷到不同的境地。其實，若要想站穩腳步，就要有足夠的高度，看清職場究竟是怎麼一回事，以及自己的人生還有多少空白之處尚待填補。

在寫這本書時，回憶起許多人、事、物，大部分給我的都是甜美而振奮的能量，當然有一些遭遇，現在回想起來，也能當成「逆增上緣」，感恩而一笑置之。更多時候，其實是自己沒有把自己搞清楚，把事情想清楚，迎頭就撞，碰得自己一頭傷。如果當時，有人能告訴我一些職場上拚搏的小建議，讓我「鬬鬬難破鬬鬬破」之餘，不至於身心俱疲，我應該可以闖蕩得再俐落快心一點。不過這也是相當後設的想法了。

書中提到的人、事、物，大抵屬於我記憶中的真實，但名稱亦經過置換，是因為考慮故事角色和真實人物中的分際，這點，我相信每個寫作者都能理解，而快樂的讀者也不介意。先謝謝成為我人生故事一份子的每一個人，也謝謝讀寫群眾的體貼。

感謝大是文化，讓我有和讀著這本書的你交流的機會，書名取作「做自己，還是坐職升機？」，是希望我的每則故事，和故事後的職升機位預約指南，能帶給正努力在職場向上攀爬的你，幽默以對、聰明過活的能量與勇氣。

第一章

菜鳥搶灘，
要當子彈，能擋子彈

01 先專情、後熱情——面試也得這樣

回想二十年前，才剛進研究所，我就開始擔憂「畢業即失業」這回事。當時，高教還沒有像現在，因少子化而面臨慘澹經營的窘境，大學也不像 7-Eleven 一樣遍地盛開，一般而言，念個ＭＢＡ（Master of Business Administration，工商管理碩士）是保障就業的不錯選擇。

但不知為何，我總是時時感到擔憂：不知道將來要做什麼？可能因為大學念的是經濟系，而雖然經濟是一門博大精深的社會科學，優秀的經濟系學生未來前途無窮，可以發展前沿理論得個諾貝爾獎，也可以奉獻才智於學術研究中當教授，但對我這個比較「務實」也有自知之明的學生，總覺得在就業選擇上並不明朗。

幸好念研究所時，修了行銷學，接觸了當時的管理行銷大師科特勒（Philip Kotler）的《行銷概論》（*Marketing Management*），發現一門迷人又能當飯吃

的學問，當時我便立志，未來一定要到一家以行銷和品牌管理著名的公司工作，沒想到後來真的進入教科書中，彷彿聖地的藍色城堡——P＆G（寶僑）。

面試陷阱題：部門二選一，你選哪個？

說這家公司是行銷人的聖地，這樣形容真不為過，當年打開《行銷概論》，幾乎每翻個三、五頁，都是藍色城堡的品牌範例。伊芙（Ivory）香皂、汰漬（Tide）洗衣粉、海倫仙度絲（Head & Shoulders）洗髮乳……這些品牌即便在今日，也歷久不衰。在念書時，雖然不敢想像有一天得以在這家殿堂級的公司工作，但我仍然天天去造訪公司網站上的人才招攬頁面，希望能有進去的契機，就算是實習生也好。

終於有一天，頁面出現了「品牌副理」的選項，且對學系與工作經歷沒有要求，唯一的要求是碩士以上學位（後來和其他國家的同事核對了一下，好像只有臺灣有這項要求，美、中、日、韓都沒有）。

記得面試時，第一關負責篩選的主試官，在每一個人的身上不會花超過十五分鐘，也沒留時間給你自我介紹（應徵者都是研究所應屆畢業的菜鳥，有什麼豐功偉業好介紹的），**主試官主要的職責，就是**問你幾個關鍵性的問題，**等待你關鍵性的回答失誤，再輕鬆的把你篩掉……**以減輕之後面試官的負荷。

我還記得那場景，坐在等候室的菜鳥們，一個個面有菜色，穿著一看就知道是不習慣也不合身的套裝，舉止彆扭，坐也不是站更不行的樣子，說我們是待宰的羔羊、候訊的嫌疑犯、甚至痔瘡患者候診中……都不為過。當時我心裡只想著：「太痛苦了，拜託快點把我刷掉吧！讓我可以回家換下這窄得要死的裙子！」

從面試被問的問題，大概就能了解這家公司所看重的是什麼。第一關，就被問了一個陷阱性的問題：「假如市場研究部和行銷部都願意聘妳，妳會選擇哪個？」如今想來，這真是一個設計精妙的巨坑，我掙扎著，是要回答：「有這個榮幸在這家公司工作，哪個部門我都願意！」還是「天生行銷魂，非行銷不幹呢？」

幸好我選了後者，因為這家公司著名的文化便是 Passion for Winning（要有贏的熱情），而**一個人若不「專情」，就不容易保持長久的「熱情」，更沒有當贏家的決心**。況且，當時我應徵的就是行銷部的工作，Passion for Marketing 是必備的，誰會那麼蠢回答別的工作也行？難道不怕被派去掃廁所？

沒有豐功偉業？那就談談熱情吧

很多應屆畢業生都和我當年有一樣的疑惑，除了社團和打工的經驗，頂多再參加學生會或企業競賽，實在沒有什麼可以說出口的豐功偉業，又該如何在應徵時，說出能打動面試官的自我介紹，贏得企業的青睞呢？

當時過了篩選之後，冒著冷汗走出公司大門的我便暗自心想，如果有機會進入第二關，一定要積極準備，別再處於被動的一方。

我除了上公司官網查了P＆G的企業文化，也看了一些坊間商業管理書籍對P＆G領導力的研究。發現這是一家愛用社會新鮮人的企業，看重人才「未來發展潛力」，而非「現有能力」，內部最常講述的5E領導思維則是：

1. **願景**（Envision）：描繪未來的目標。
2. **互動**（Engage）：尋找並結合資源。
3. **激勵**（Energize）：帶領團隊眾志成城。
4. **啟動**（Enable）：開啟各人獨特潛力。
5. **執行**（Execute）：以「目標導向」為行動準則。

於是，當我被問到關鍵題：「請舉出妳自身的例子，曾經設立什麼目標？為了這個目標妳付出了什麼努力？達到了什麼成果？」我便將大學的社團經歷，結合企業看重的思維，轉化成以下的自我介紹：

「我大學最大的目標，就是成為一位專業的排球校隊選手（Envision），因為這樣的熱情，讓我願意犧牲個人假日，奉獻自己時間，晒出黝黑膚色，每天花費至少兩小時，對著同一面牆壁不停的練習基本動作（Enable）。最後，因為苦練與不服輸，我成功的當上了校隊隊長，帶領團隊（Engage & Energize）在各項校際比賽、大專聯賽中突破過去成績，並在某次兩岸三校邀請賽中，獲選為MVP最佳球員（Execute）。」

最後，我成功的被心目中最心儀的首選公司錄取了。

職升機位有限，快速預定指南

- 在畢業前找到自己的興趣，以及未來就業的主要領域和標的。
- 面試時，最重要的是表達熱忱，說清楚為什麼想做這份工作。
- 主試官主要的職責，就是等待你關鍵性的回答失誤，再輕鬆的把你篩掉。
- 人若不「專情」，就不容易保持長久的「熱情」，更沒有當贏家的決心。

02 菜鳥見老鳥，含笑先問好

初入職場，免不了面對滿屋子的前輩，好日子大概就結束在那一頓，由偏用你的主管舉辦迎新午餐（welcome lunch），在那之後就要開始面對滿堂的公婆叔姑，雙手環抱胸前等著看你這菜鳥何時出包。

還記得初入藍色行銷城堡的第一天，因為前一晚緊張得睡不著，一大早起來，太陽穴便像有人拿著鼓槌不停敲擊。我穿著面試時那一百零一套黑色G2000套裝，踏著一點也不習慣的高跟鞋，由人資部門（HR）帶著，蒙頭蒙腦的，一路從公司十四樓（行政部門）鞠躬到十七樓（總經理室），HR介紹的部門和人名我一個都記不得，只記得自己一直重複：「〇〇大哥／大姊好，我是新人Elsa，請多多指教。」好像跟黑道拜碼頭，一個早上大概拜了百來位前輩，臉跟腰背一樣僵直。

終於熬到了中午休息時間，卻還沒有人帶我到座位，甚少穿高跟鞋和窄裙的我，已經覺得下半身癱瘓，但還是只能傻傻的跟著帶我繞境拜碼頭的HR姊姊。在經過某間辦公室時，突然衝出一位個子嬌小，但氣勢可比鋼炮的女士，我覺得非常眼熟，原來就是當時面試我的主管。她對著帶著我的HR姊姊劈頭便罵：「怎麼搞的，我等了一個早上要用人，人在哪裡？」姊姊瞬間被震飛，不敢說還有什麼流程沒走完，就像綁匪釋放人質一樣把我推出去，轉身已不見她的蹤跡。

我心想：「如果這是我以後的主管，那日子真的難過了。」我已經可以想像自己每天早上被小鋼炮女士打開房門狂吼的情景，不知道我脆弱的耳膜跟心靈可以撐多久……。

小鋼炮轉身對我說：「肚子餓了吧？走，大家在等妳吃午餐。」語氣倒是異常和煦，還略顯關懷的對我說：「在辦公室不用穿太正式，舒服就好，鞋子……也不用穿太高。」身高一百七十公分的我穿上高跟鞋，低頭看著小鋼炮，不安的覺得我倆間的物理距離真的有點遠，可能會連帶影響未來的心理距離，心中暗下決定明天開始只穿平底鞋，**必要的話也可以蹲著走路**。

自我介紹切忌「反芻」

在迎新午餐當中，除了我們團隊的同事，小鋼炮還邀請了別的品牌團隊，整桌大概有十來位前輩，熱熱鬧鬧的交談，我心中暗鬆一口氣，看起來大家感情都不錯，很有話聊，應該一時半刻不會 cue 到我。

沒吃早餐加上沒睡好，我趁機偷懶喘息，鬆了鬆腰背，正處於放空狀態，如此鬆懈，以至於我點的義大利麵一端上來，竟然忘記等大家的餐點到齊，便自顧自的吃起來。我當時覺得應該沒人會看著我，也沒有意識到自己是這場午餐的主角，因為根本沒有人跟我說話啊！

就在這時，另一個團隊的主管，和小鋼炮同一職等的品牌經理，突然指著我說：「**怎麼不等大家就先吃了**？妳！先自我介紹！」

我不知道有多少人有這種經驗，當你滿嘴鼓鼓的都是食物時，有人十萬火急的問你問題，這時候大部分的人應該都會優雅的舉起手掌，擺出一個「不好意思，先等我一下」的手勢，然後把嘴巴中的食物咀嚼吞下，拿出餐巾擦擦嘴角，再慢條斯理的發言吧？要是在平時，具有正常血糖跟理智的我，應該也會這麼做，但很不幸的，當時的我不知道腦筋出了什麼錯，竟然把嘴巴裡還未咀嚼的義大利麵原封不動的吐回盤子中，然後開口說話……。

我自己說了什麼我完全不記得，但永遠記得在場前輩們奇異的笑臉，心想完蛋了，我搞砸了第一印象，自此所有人都會封我為「反芻妹」吧。於是，這頓午餐，就名列我人生中前三大的糗事之一，至今想起仍然後悔不已，如果我有時光機，管它什麼蝴蝶效應，一定會回去當時，把那口義大利麵吞下去，因為實在太丟臉了！

好想加入的圓桌祕密談話

接下來的日子裡，每天都在奇妙的氛圍裡度過，我感覺大家都對我很好，但是那種好，有點像「相敬如冰」，彷彿我是侵入者，或是間諜，有我在的地方大家講話都會突然換個話題，聲調也會突然字正腔圓起來。

我們團隊的辦公隔間是一個正方形，我與其餘三位前輩各據一角，正方形的中央有一個圓桌。那個圓桌的作用非常重要，我注意到，當主管過來這個正方形隔間時，大家都會面向自己的角落，對著電腦用力敲打鍵盤，或是拿起桌機講電話，等主管交代完事情離開，椅子立刻一百八十度迴轉，滑到那張圓桌旁交頭接耳，嘻嘻哈哈的悶笑之後再轉回自己的桌面。

作為一個孤獨的菜鳥，自然很想加入那個圓桌的談話，但那個聚散的節奏雖然固定，切入的時間卻很難抓。

剛開始，我的節拍總是抓不準，當我也轉過去滑向圓桌時，大家都已經轉回去自己的角落，剩我一個人對著圓桌不知道幹嘛，只好假裝擦擦桌子，幫大家整理一下面紙盒……等我轉回自己的桌面，大家又聚回來了。這個轉來轉去的圓舞曲我總是錯拍，**沒錯，我應該是被排擠了**。

我有種害怕被邊緣化的鄉愿個性，**無論是不是菜鳥，被排擠是我最大的恐懼**，但要突破這樣的僵局，只能鼓起「被討厭的勇氣」。我心想，除了吐出來的那一口義大利麵，我應該還來不及做出什麼讓大家討厭我的事，那就認真做些什麼來彌補那悲慘的午餐吧。

忘了從哪一天開始，我除了早上最早到，主動整理公共區域（主要是那張總是堆滿零食跟雜物的圓桌），向每一個進來辦公室的人說「早安」，午餐時也會自告奮勇為大家到樓下提便當，午餐後會問有沒有人要喝咖啡？我「順路」去買，大約三點半時，也會拿出「小歇」泡沫紅茶店的單子，幫大家點下午茶……做這些事時，我除了微笑、友善，還帶著一點點乞憐的眼神，就差沒搖尾巴，而且向天發誓，**我真的心甘情願做，因為我好想加入那個圓桌的祕密談話**。

肉身擋子彈，打入圓桌信任圈

上面這些志願服務，頂多只是讓我稍微得到一點禮貌性的回應，要談進入「圓桌信任圈」還差個十萬八千里，我正苦苦煩惱，需不需要去排隊買葡式蛋塔還是絲襪奶茶時，一個讓我一示忠貞的機會從天而降。

正方形隔間裡頭的前輩，大部分都來了一陣子，少則兩年，多則四、五年。而在藍色城堡中待過，就像鍍上一層金箔，免不了會有外界挖角的機會。如果看到有人包包還在，電腦也開著，但人就是不在位子上；或是吃了一頓很久的午餐，到了下午茶都還沒回來……老鳥們大概都心知肚明，可能正在外面談機會了。

但當時身為菜鳥的我，完全狀況外，我老以為大家是去別的樓層開會，去蹲很久的廁所，要不然就是被叫去主管的房間訓話，而且因為我坐在最裡頭的角落，背對所有人，所以完全搞不清楚外面的動靜。

有一天，我正埋首於預算報表中，聽到後面一句冷冷的質詢：「怎麼只有妳，其他人呢？」轉身看到小鋼炮正站在圓桌旁，而團隊裡除了我，其他人都不見了。我做小伏低（按：指卑躬屈膝，低聲下氣）的雷達突然響起警示：「嗯，我剛剛聽到電話響，J跟Y被叫下去開會。」應該沒錯，今天是那兩位姊姊的品牌業務大會。

「那G呢？今天沒他牌子的事啊。」完蛋了，平常G哥如果不在位子，通常是在小鋼炮房間裡挨轟，但如果小鋼炮出來了，那G哥去哪裡了？看來G哥真的消失了好一陣子，我聞得出來空氣中的貓膩。

我說：「剛剛還有聽到他的聲音，可能下去拿快遞。」話說出來我就後悔了，天哪，拿個快遞是能多久，萬一小鋼炮在這邊等他怎麼辦？我急中生智，裝出一副苦臉：「經理，我有些事情想請教妳，能不能到妳辦公室談一下？」

小鋼炮瞬間露出擔心的表情，她過去以「新人殺手」著名，已經被HR警告過，若是我再陣亡，恐怕公司再也不找人給她用。「怎麼了？來來來，到我辦公室談！」

就這麼一談，我拖了小鋼炮快兩小時的時間。其實也不盡然全是瞎掰，我也把握機會，把入職後到現在的困惑，對品牌計畫的疑慮，和別的部門工作的障礙，條列式的請教她。說實在話，那兩小時的談話，讓身為菜鳥的我不僅學到很多東西，也表達了自己對生意的觀察和看法，讓小鋼炮對我非常滿意。

菜鳥除了多聽、多觀察、多做，最重要的是多問，三個月內，儘管問各式各樣的問題都沒有關係，問的時候除了抓緊上級及前輩給你的經驗與指導，也別忘了提出自己的見解，因為**新人之眼**（Fresh Eyes）**往往可以提供局內人看不到的新鮮視角**。

兩小時出來後，回到正方形基地，G哥竟然正坐在他的位子上，好整以暇，似笑非笑，還從鼻子哼哼的對我說：「新人就會摸魚，不錯喔。」我利用這個機會，依然保持微笑、友善、乞憐的表情：「G哥，經理剛剛有來找你，我說你去拿快遞了，然後我找她問事情，問到現在，她……等一下會找你。」

G哥立刻露出尷尬，又帶點安心的臉，對我說：「知道了，謝謝。」

誰能料到呢，就在那個下午，我不但得到了小鋼炮的賞識，也透過肉身擋子彈的義勇舉動，換到G哥對我的信任，從此正式進入「圓桌信任圈」。在那之後我只能說，從前輩那裡聽到的八卦跟學到的事，真的讓我在職場上突飛猛進，大開外掛。

菜鳥們，千萬要**好好和前輩相處**，**他們能教導你該走的路**，**也能指出該避的坑**，這些都是無上寶貴的指引。前人用智慧來渡你，我們也要好好的奉獻自我，尊重長輩，重要的是：赤膽忠心，面對主管，同一陣線。

職升機位有限，快速預定指南

- 菜鳥除了多聽、多觀察、多做，還要多問。
- 面對老鳥，必當恭敬，只要態度好，沒有過不去的坎（砍）。
- 翅膀沒長硬前，要赤膽忠心的站在老鳥那一邊，相互掩護。
- 好好和前輩相處，他們能教導你該走的路，也能指出該避的坑。

03 讓老闆忘了你的弱項

我雖然擁有碩士學歷，也順利進到外商公司工作，但以一個本土MBA的英文程度，讀和寫還行，最沒有信心就是開口說。而且坦白說，進了藍色城堡之後，大概是我這輩子看到最多外國人，必須說最多英文的時候（研究所畢業時去洛杉磯環球影城除外）。

剛進公司時，印象非常深刻，同事平時看起來都很正常（意思是說都是黑髮黃膚，也沒有ABC腔調），但拿起桌機講電話時，英文都好流利！我隔壁的姊姊，在跟日本研發中心溝通時，甚至還能英日文並行。聽得我既崇拜又膽怯，心想雖然這間是美商公司，說不定每個人都有第二外語，還會講法文、德文，只是我不知道而已。

除了語言能力優越，同事們的溝通能力也絕佳。每次在聽前輩簡報、電話溝通、開會發言時，都打從心底深深佩服，每個人都好像辯論社出來的，不僅信心十足，辯才無礙，更重要的是語速飛快，常常讓我連切入問題的時機都找不到。

在辦公室，我成了有話說不出的啞巴，儘管英文是我最拿手的科目，大專聯考時英文還接近滿分，但光會填克漏字跟介系詞，好像對商用英文口語能力沒什麼幫助；再來是就算用中文表述，面對滔滔不絕的同事，我也常常覺得信心跟氣勢不足，講三句就會越來越小聲，自動敗下陣來。

十秒電梯簡報，我出糗了

有一次，早上剛到公司，祕書就來通知我，人事部門反映，我的桌機電話留言還沒設定（那是個回到座位後的第一件事，就是聽電話留言的古老年代），提醒我要用中英文留言。

這可搞倒我了，明明就很簡單的一句話：「Hi, you've reached Elsa Kuo, please leave a message, I will get back to you as soon as possible.」（很抱歉無法接

聽您的電話，請留言我將盡快回電）。我對著電話怎麼錄都NG，更令人著急的是，同事們都陸續到來，我更加不好意思，不想讓大家知道，我連個電話錄音都搞不定，當下只好放棄。隔天提早一個小時，八點就到辦公室，就只為了在沒有人的時候，偷偷的錄好我的留言。

只可惜我好不容易混熟的隔壁G哥，也常常很早就到辦公室，所以我只能趁他去上廁所或串門子，離開位子時，拿起電話重錄。就這樣來來回回，兩、三句話就能搞定的英文留言，我錄了兩、三天，費時費工。

還有一次，我在電梯裡碰見來自義大利、身高兩百公分的品類總監，他是小鋼炮的主管。當時是我們第二次見面，彼此已經認識了，他的態度也很和藹可親，但電梯門打開的那時，我心裡毫無準備會遇見他，還得說英文，只聽到自己的聲音結結巴巴的從口中冒出來：「Morning sir, nice to meet you.」

義大利來的兩米人，和藹可親的回我，只不過他用的是純正的中文：「Elsa，早安！今天天氣真好！」然後對我說：「在英文的說法上，因為我們已經不是第一次見面了，所以妳應該說：『Nice to see you again.』喔。」接著他的樓層到了，便笑著跟我道別。當下我簡直不敢相信自己陷在什麼樣的處境，我讓總監糾正我的英文文法，而且他的中文說得比我的英文還要好！

心灰意冷的回到位子上，這時「圓桌信任圈」的前輩們已經相當關心我，紛紛問我發生什麼事，怎麼會如此面如死灰。我便把剛剛電梯中發生的「空中英語教室」事件一五一十的全盤托出。

想不到換來大家的哈哈大笑……他們親切的告訴我，這家公司並不是每個人都是海歸MBA，本土碩士學歷的仍占絕大部分，大家都是進來之後，開始**努力加強自己的語言**、**溝通**、**最重要的是敢說的勇氣**。公司有很多語言補助的課程可以申請，G哥甚至正在上一對一的美語家教課呢。

重點不是說得多順，而是說了什麼

有一位姊姊當時對我說的話，我到現在還銘記在心：「重點不是妳說得多順，而是妳說了什麼，有時英文越順口的人越是滿口廢話，那些外國主管們也心知肚明。**比起口語能力，更重要的是專業和正確**，這攸關妳是不是極為了解自己負責的品牌細節，在必要時才能說清楚講明白。在職場上，講得正確，自然就有說服力和公信力，那比是不是開口便一長串流利的英文，更加重要。」

在前輩的開示之下，我回去做了個人的SWOT分析（按：強弱威脅分析，分別指優勢〔Strengths〕、劣勢〔Weakness〕、機會〔Opportunities〕和威脅〔Threats〕）——我的弱處是英文不敢說而且不流暢，但我的強項是記憶力絕佳，尤其是對數字、文字、時間、地點、誰說的話，簡直是人形會議記錄機——若要化危機為轉機，必須將弱處彌平，並將強項發揮到極致，於是我做出了兩項極大的努力：

第一，熟記細節，務求第一時間回答問題。在當時，還是電腦桌機的時代，所有人都會隨身帶著厚厚的一本 fact book，大概像百科全書那麼厚，是一本用A4紙列印並裝訂成冊的「品牌聖經手工書」，有關自己品牌的一切細節都在裡面：品牌金字塔、計畫進度書、業績、市占率、零售價與毛利、庫存報表、預算表……舉凡你能想的到的都印出來，並隨時更新。

只要老闆問問題，就會聽到一群人都在「刷刷刷」的翻簿子，看誰先翻到答案。這在現今社會當然是不可思議的事，因為每個人都有筆電，只要把工作表打開，多重視窗並列，細節數字皆能搜尋調閱。但在那時候，真的是比「看誰翻的快」。

我自己也做了一本手工書，也像大家一樣，旁邊貼了密密麻麻的彩色標籤索引，但**不同的是，我會將各種數字背下來**，那些標籤索引只是讓我能在第一時間回答之後，翻出來給老闆看：「我沒有說錯」，以加深印象而已。

第二，老闆問問題，我一定舉手回答。比起公司大部分的同事，無論是國外留學回來，或是已經工作一、兩年的前輩，我最大的問題就是羞於開口，而這在外商公司是最大的致命傷。

身為菜鳥，寧願說錯，不要沉默，一個羞於發言的人，很容易會被大家遺忘，而菜鳥時期最重要的就是讓所有人對你留下印象，否則下一批菜鳥來，後浪推前浪，你一下子便成為死在沙灘上的殘骸了。

既然對自己的回答有信心，所以老闆的問題我一定舉手回答，回答時也不挑字，就挑自己最有把握的句型，將關鍵字一個一個說清楚，再慢也不要緊。除此之外，會議結束之前，我一定會針對品牌展望或會議結論提出問題，當然這不是亂問，**我的問題在會議前就想好了**，要能展現我對品牌的了解，而且表現出我的行動力，和「想知道下一步該怎麼做更好」的熱忱。

就這樣，過了三個月媲美大學聯考衝刺期（每天都在背課文、練英文）的生活，小鋼炮將我召進辦公室，恭喜我通過試用期，成為她近年來少數存活下來的新人（new hirer）。在當時，我的情緒簡直比拿到大學聯考錄取通知單還要激動，熱淚盈眶。

小鋼炮最後對我說：「義大利人對妳讚譽有加，他說，Elsa可能因為個性內向，所以顯得外貌冷漠、不愛開口，但是其實她說的話都很有道理。」人生第一次被說內向與冷漠（其實就是說我臉臭），我心中真是苦樂交加。

在這也要勉勵初入企業，載浮載沉求生存的菜鳥們，做好自己的SWOT分析，將強處發揮到最強，危機就是轉機。

沒有人是天生完美，無堅不摧、攻無不克的戰士，上班的每一天都是一場類似《明日邊界》（按：*Edge of Tomorrow*，故事背景設定於未來，一場外星物種入侵戰爭即將展開，軍事菜鳥比爾意外獲得穿越時空迴廊的能力，並接下一項戰鬥任務。比爾在不斷重複的生死輪迴中，一次又一次的重回戰場，他每一次醒來，就對戰爭的經驗更深入一層，也越來越了解敵人的弱點）的戰役，一定要記取失敗處，回去好好演練，**永遠都要「過度準備」**。這樣的你，自然會充滿信心，嶄露一點也不菜的光芒。

職升機位有限，快速預定指南

- 身為菜鳥，寧願說錯，不要沉默。
- 語言只是工具，比起口語能力，更重要的是專業和正確。
- 隨時自我SWOT分析，將強項發揮到最強，弱項弭平。
- 永遠都要「過度準備」。

04 變人才，或變「好用」

這家公司所強調的「熱情」，除了Passion for Winning（勝利）、Passion for Consumer（顧客）之外，Passion for Training（培訓）更是不容小覷的。

剛進公司時，我的主管便告訴我，人資部門做過估算，基本上**公司投資在新進人員上的訓練經費，要三年才能回本**。所以三年以內，身為菜鳥的我們，都還算公司的賠錢貨，既沒貢獻還花錢，應該要懷著虔敬感激之情為公司奉獻自我（其實，三年之後我升到她的職位，才發現一樣貢獻不大，花的錢還更多，成為一個更虧錢的角色）！

公司真的在我們身上投注了這麼龐大的訓練經費嗎？剛進公司的第一年，的確很常在上課，若是遇到會議「強碰」訓練課程，不管是主管或是其他部門同事，都會以你的訓練需求為優先，而願意重新安排。甚至如果你「蹺課」去工作，還會被人資部門記下，回報給主管，回去是會被狠狠「噹」的！

當時我心想：「有沒有搞錯，好不容易畢業，我是來工作賺錢的，竟然還要上課！」但冷靜下來思量，若以有形的金錢計算，講師是公司內部人員，教材也是沿襲已久的企業內部講義，場地還在公司裡，像是花不了什麼大錢；但是以無形的成本計算——上課時公司仍實際給付工作的薪資、這家公司累積近百年來的品牌經營新法、講師們實際的工作經驗與智慧（我雖然沒上過哈佛商學院，但據上過的海歸華人同事所言：「所差不遠」。畢竟是實戰教學，而且我們就身處戰場上，更是難得的機會），這樣算來，的確第一年的新進菜鳥都是公司賠錢貨無誤！

世上沒啥東西是一頁紙說不完的

公司著名的三大訓練課程，第一是新進人員訓練（New Hire Training），第二是英文商業書寫（Memo Writing），第三則是品牌經理學院（Brand Manager College，簡稱 BM College）。

▣ 新進人員訓練——「洗腦袋」

顧名思義就是讓新進人員認識公司，認識各部門運作及協作的方式，以及更進一步幫你「洗腦袋」的。我學到一些後來待久了想一想覺得很奇怪，當時卻奉為圭臬的工作箴言：執行是消費者唯一能看見的策略、結果導向、消費者就是我們的老闆、人才是公司最好的資產等。

在日常工作中，絕大部分的人都嚴謹的遵照這些箴言在思考，但也有不少決策是與這些背道而馳的。這些印在牆上的標語，就當作咒語，唸一唸護身罷了。

▣ 英文商業書寫——「說重點」

這是我自認為不僅在職場上，在生活中也非常實用的一門學問。其實就是學著怎麼言簡意賅，考慮收信者的心情，將所有想說的、能說的、該說的事情竭盡可能的「講重點」，再以正常字體大小（十一至十二字級）呈現在一頁A4紙上，因此P&G的商業書寫亦稱作「用一頁A4提出商業企劃」（One Page Memo Writing）。

這樣的商業書寫訓練非常有效，而且溝通起來很有效率，只是也造成了一些後遺症——離開之後，在別的公司，或別的商業場合，我若看到超過一頁以上的文件，就會自動忽略它想告訴我的東西，將注意力往另一份文件去。

這可以說是好事，也可以說是不好的事。好處是，世上真的沒有什麼東西是一頁紙說不完的（小說除外）；不好的是，常常讓人覺得我極度缺乏耐心，或是有閱讀障礙症，因為每當被人質問：「我昨天寄給妳的檔案，妳看了沒？」我只能老實說：「**我沒辦法看超過一頁以上的東西。**」真的非常失禮。

▣ 品牌經理學院——「一生一會」

美其名是「讓每個人具備品牌經理的視野與技能」，其實就是公司花了一筆為數不少的錢，讓一群將來只有一〇%機會活著升官的品牌副理們，飛去一些比較先進的城市（如日本或新加坡），花一週時間齊聚一堂，上課討論、下課喝酒而已。

上課討論些什麼我已經忘了，只記得下課縱情暢飲的部分。當年的品牌經理學院在神戶舉辦，下課後，總有熱心的日本同事，帶著我們踩過一間又一間的燒肉店、居酒屋，喝了一攤又一攤，回到酒店的酒吧，大家又繼續喝。日本人無論男女的酒量都是深不可測，更令我驚豔的是韓國女生，喝起來更是霸氣十足，連美國辛辛那提（Cincinnati）來的同事都喊怕。總之上幾天課，我就宿醉了幾天，不過，應該還是有學到東西吧。

最後一天互相道別時，每個成員無不雄心壯志的齊喊：「See you in MD College!」（Marketing Director College 行銷總監學院再相見！）事實上我們這些人大概一輩子都不會再見了，畢竟身處不同國家，而且也極少人會在這家公司待到三、五年。想一想公司願意花這個錢，讓我們這些菜鳥有些「跨國交流」的經驗，就算大部分時間都在喝酒喇賽也好，起碼增進了不少國際觀，建立人脈，之後各個市場有什麼動靜（什麼新品難賣千萬不要賣），也能相互分享，其實是不錯的投資。

就為了這個七天裡面有七夜都泡在酒缸中的品牌經理學院，我願意稱讚P&G是一家人才培育中心。

P&G畢業症候群：變成難搞的人才

當時有個說法：「P&G出來的人，別家公司都想挖。」似乎這是一家專門為人才鍍金的冶金工廠。在我還是品牌副理（Assistant Brand Manager，簡稱ABM）時，主管也會用一種大方的態度鼓勵我們多出去談工作，要多了解一下自己的「市場價值」。

整家公司充斥著一種「全世界都是我們的分公司」的感覺，熬到品牌經理（Brand Manager，簡稱BM）之後，想去哪就能去哪，想幹什麼職位都可以。但大家越是這樣說，我就越不想出去看看公司以外的世界，總覺得那就不必了，這裡肯定就是最好的、最適合我的地方。

忘了是什麼原因而和獵人頭（按：headhunter，「獵」人才，協助企業找到本身找不到或找不來的人才）接觸，可能就如主管說的，想知道自己的「市場價值」，搞不好在外面我已經可以輕鬆找到一家小公司，做個行銷總監的工作，不是說P&G一年抵得了外面三年嗎？我也抱著來找我談的獵人頭可能都是來求我的——那種屈尊就駕，傲慢又討人厭的心態前去和他喝咖啡。

直到那位獵人頭跟我說：「從P＆G畢業後的第一份工作，大概有一半以上會陣亡。」他說這是「P＆G畢業症候群」，類似創傷後壓力症候群（按：posttraumatic stress disorder，簡稱PTSD，指人在經歷過情感、戰爭、交通事故等創傷事件後產生的精神疾病）那種。記得那時聽聞此消息時，我心想：天哪，人家不僅沒有求我去工作，反而還警告我別得了什麼病而不自知。

這個症候群的症狀，來自這家公司一直灌輸給我們的心態，「我」是最好的人才、「我」追求最棒的結果、「我」只和最聰明的人工作，並且只用最有效率的方法。

其實這家公司的成功之道，一直都存在於它的總體環境、品牌資產和工作方法，從來不在個人；偏偏進去後被洗腦過後的我們（或是只有我），會因此而覺得一切操之在我，將自我膨脹過高，到了別家公司或環境，常常會不適應，而且無法和其他同事合作。總之，是一種「天才妄想症」。

的確，**我從P＆G畢業之後，第一份工作僅撐了一年多**，中間經歷了各種文化震撼，和別的同事對我「難搞」、「愛寫 E-mail」、「眼高手低，不接地氣」的批評。那時才真切體驗到Ｐ＆Ｇ這個人才訓練工廠，也是一個巨大的溫室，營造一個不與外對流的同溫層。這社會上有著形形色色，不同思考模式、工作方式和領域專長的人，若是不能彼此欣賞合作，老是和同樣輪廓、溫度與邏輯的人相處，久而久之也會失去自己的獨立思考能力吧。

不知道從Ｐ＆Ｇ離開幾年後，還是會有人跟我說：「妳寫 E-mail 的方式很奇怪，信件的主旨裡有命令句就算了，內容第一句話一定是告訴我這封信在講什麼，好像我是笨蛋看不懂。」我當下蠻能理解的，於是由衷的對那個人道歉：「對不起，因為我的文筆很差，大家常常看不懂。」那位同事大人大量，也欣然接受了我的道歉：「下次有事別再寫 E-mail 了，直接打我分機講好嗎？不要用 E-mail 來練英文。」再一次，我真心覺得她說的話非常有道理。

公司給予你的訓練應當建立在專業之上，而不是思考的模式與價值觀。**若有一天你發現自己說的話、討論的事物和對周遭的反應，都和某一群人一樣，或許你應當有的情緒是恐懼，而不是舒適**。更重要的是，工作只是生活的一部分，讓你過想過的生活，做想做的事，用自己的方式思考與欣賞，不應該改變你看世界的任何角度。對任何年輕人的第一份工作，我的建議都是：「**努力學習工作，和保持獨特的自我一樣重要。**」

職升機位有限，快速預定指南

- 企業訓練不是要讓你變人才，而是讓你變最好用的員工。
- 當你發現說的話、討論的事和對周遭的反應，都和大家一樣時，你應要感到恐懼而不是舒適。
- 同溫層是為了工作效率之便，別被馴化成無法獨立生存的綿羊。

05 沒有不是的老闆，只有不適的老闆

曾看過某一研究機構的職場調查報告，新鮮人（剛出社會一年內）換工作的原因，**「討厭老闆」永遠雄踞前三名的寶座**。和老闆的衝突似乎永遠是職場上的難題，特別是對剛進企業組織的菜鳥。同樣是管束的角色，老闆要比囉嗦的媽媽更無情、比學校的老師更不講道理、比任性的男／女朋友更陰晴不定。

因為這是長遠的職涯裡必須持續面對的棘手關係，因此擁有健康的、幽默的心態來「向上管理」是十分重要的。而這「向上管理」的哲學，心態比技能更重要。

工作就是不斷撿屍、越級打怪

老闆有各式各樣的習氣（按：指不好的、與煩惱有關的習性）或症頭，就

跟家長差不多。比如，有虎媽就有虎老闆，有直升機父母就有直升機老闆，無法用同一種技能對付所有的老闆。況且一旦你抱持著「對付」的心態，自然就會落入劍拔弩張的緊張關係裡。

建議你將「向上管理」想像成「越級打怪」的破關遊戲，再怎樣難搞、怪癖的老闆，一定都有可以破解的方法，只是要透過自己無限的想像力、精力、創造力來應對考驗的來臨。

剛進第一家公司時，我曾經碰過一位總經理（General Manager，簡稱GM），熱愛拋擲文件。凡是碰到不滿意的生意分析、難看的業績報表、無法接受的創意提案，他一律在你面前將文件拋飛到遠處。

以他拋擲的手勢，可以看出年輕時應該是飛盤或迴力鏢的好手，GM的辦公室非常大，文件可以從他的辦公桌，拋擲到離他最遠的角落，而且總能精準的落在巨大闊葉盆栽的後面，地勢險峻，有點難撿，因此那裡遺落的文件常常堆積成山，去撿時還常常會撿到別人的大作。

還記得當時交東西進去的菜鳥們，打開門之前自然是戰戰兢兢的，展現各種的暖身招式——深呼吸、伸展、閉眼數息——因為待會進去即是一場砲火猛烈的叢林生存戰。而且每個人出來時，千篇一律是既殘又苦的表情，還有些人手上拿著的是發皺的紙團，我們就知道他的文件不但被飛擲，而且曾經是先揉再拋，以至於他回到座位後，還得把揉過的文件展開撫平，詳讀上頭GM批註的鬼畫符字跡。

嘲笑別人總是容易的，我自己也沒好到哪去，在我第一次進門呈供文件時，即便做足了心理準備，仍然被GM宏亮的聲柱，吼到失魂落魄，頻頻彎腰致歉，倒退出場。出了辦公室反手闔上門之後，才發現剛剛被拋飛的文件忘了撿，它們仍然在那盆栽後面，跟著其他人的報告一起，葬身於無人認領的文件塚；但當時我也沒有勇氣，再次進去戰場把它們拾回，只能雙手合十默禱，願我的報告們安息。

後來這場拋擲大戰的心靈創傷，別人是如何尋求癒合？我不得而知，但在我自己的身上，是用一種視死如歸的末代武士精神，來跟GM做個了結。

我心想，如果終究都要被丟文件，不如把它當成一種禪修加參話頭（按：

參話頭是禪宗最具代表性的法門，亦即是在動念要說話、未說話之前的那個念頭）的方式處理，也就是把GM當成某某禪學大師，把我自己當成動輒頭上挨棍的小和尚，既然都要被打了，人生道理一定要問出個所以然來。

我開始利用大學排球校隊的精神與體魄——每當輸球，教練總是罰我們在賽場及對手面前折返跑——當那位GM一拋出文件，我就開始一邊推測文件掉落的距離與幅度，一邊往前跑到落點接住，然後再把握時間奔回GM的桌邊，氣喘吁吁的問：「是數字需要微調嗎？」、「是主視覺中 Logo 太小嗎？」、「如果A版你看了不滿意的話，這邊還有B版！」再**順勢把已經準備好的B版呈上**。

當時那個姿態，有點像搖著尾巴叼著飛盤回來給主人的狗，區別只是狗這邊準備了好幾個版本的飛盤，就看主人今天心情能接受哪一種。

那個GM大概也覺得這樣的遊戲有點荒謬，進行了一、兩次後，他原本不苟言笑的撲克牌臉，和四十五度下撇的嘴角，也不禁失守上揚，忍俊不住的噴了幾聲爆笑。

笑聲一出，自然就和緩了劍拔弩張的氣氛，而且在折返跑時，我也為自己爭取了多一點對話的空間（雖然有點喘）。慢慢的，這位GM也省去了丟飛盤的這一套戲碼，直接問我：「妳自己覺得這樣對嗎？要修改的地方是什麼？什麼時候可以補上？」這也算是一種，用奔跑和血汗，換來人狗之間的默契與情誼的青春故事。

只是在當時，我的同事始終無法理解，為什麼輪到我進辦公室時，在外頭總是聽到好一陣子，咚咚不絕的跑步聲，而我出來後又滿頭大汗。我老實跟他們說，在裡頭折返跑的情景，同事皆不可置信。可能真的太過荒謬了吧，多年後回想，我自己也無法理解，這在人間是否能稱得上合理，或是正常的辦公室行為。

因為這次震撼教育，我在很菜的時期便已明白一件道理：「**天下沒有不是的老闆，只有不適的老闆**。」就算他真的一無是處，如何因應他所給你的磨難，也能培養你的職場智慧。

其實說到底，**職場就是修行**，要把為難你的人當成是菩薩來「逆增上緣」，因此如果把「和老闆合不來」當成十有八九的正常事，你就能比別人多一份平靜的心態，看見自己的選擇除了轉身走人，其實還有向上學習、越級打怪、逆增上緣……將消極埋怨，藉由主動轉念，取得轉圜之處。

好老闆比好工作還難得

在職場混得再久一點之後，除了「只有不適的老闆」之外，我更體悟了一句話——好的老闆比好的工作還難得。

我對於好老闆的定義很簡單，只有三項：**要求清楚**、**尊重私領域**、**不扯後腿**。這三項要求乍看之下非常簡單，好像是做人基本的道理，但會有電影取為《老闆不是人》（*Horrible Bosses*）不是沒有道理的。老闆這兩個字一旦加身，很多時候會使人連做人的基本門檻都跨不過。因為這三項看似簡單的要求，背後都隱含著高規格的需求。

一、要求清楚：表示他思考邏輯清楚，事情的下一步如何進行、誰來負責、死線（deadline）為何時、衡量標準為何，都已經有腹案。但很多老闆在交辦事情時，不是患了失語症，就是有表達困難症。怪部屬辦事不力，其實多半是因為老闆自己還沒有想清楚，卻又不好拉下臉來承認，只好板著臉以一種「我怎麼講你都不會懂的」謎之大師語言，交代不清不楚的任務。

二、尊重私領域：包括私人時間與隱私。尤其是現今即時通訊軟體為王道的時代，用 LINE 二十四小時控制你的人生已經是常態。彷彿公司付你上班薪水，等於是把你的人生全買斷一樣。

至於隱私，我的忠告是「老闆永遠不會是你的朋友」，如果不想全辦公室都知道的事，千萬不要讓老闆知道。不為什麼，因為老闆才是辦公室中最八卦的人群。主管階級人數最少，權力最大，彼此取暖之餘，又沒什麼共同話題（也沒什麼其他朋友），就只能把部屬的私事拿出來當談資，炒熱氣氛。信不信由你，我自己就有幾次慘痛經驗，和老闆討論工作表現時，我所提及的家庭話題，到了下週，別的部門都人盡皆知了。

三、不扯後腿：看到這點可能會覺得驚奇，老闆為什麼要扯後腿？這最常發生在你的意見被其他部門全數質疑，身為部門中最菜的一隻鳥，回頭尋找關懷的眼神，卻發現老闆說：「這份東西我沒看過。」還帶著一種陌生疑惑的表情，彷彿你和他是昨日才第一次相認的網友，而事實上不久之前，他還抓著你反覆確認數字如他所願，才肯屈尊就駕到會議室。這種老闆就是順風時拿著你當令箭，不順時拿著你當盾牌的標準卒仔。不要以為卒仔只有街上有，辦公室裡一把抓起多的是。

每個人心中都有對老闆的「最低要求」，只是根據各人狀況，底線不一。我的忠告是：**如果碰到能滿足最低要求的老闆，已經是相當幸運的事，一定要珍惜這個緣分和這個工作，不要輕易放手。**

尤其是在菜鳥時期，肯磨練你的老闆，通常不是真的刁難你，反而正因為你在企業中所學初淺，根本沒有必要到刁難的程度。很多時候越上位，反應越奇怪的老闆（主管），其實是在測試與觀察你和別人不一樣的反應與速度，否則在一群菜鳥當中，他怎麼知道哪一隻未來能夠高飛？面對這樣的挑戰，越要能轉變態度，足智因應，想出脫穎而出的致勝策略。

職升機位有限，快速預定指南

- 天下沒有不是的老闆，只有不適的老闆。
- 工作就是不斷的越級打怪，一定有可以破解的方法。
- 好老闆比好工作還難得。
- 什麼是好老闆？要求清楚、尊重私領域、不扯後腿。

06 別人不做的雜事，是你變重要的開始

「老闆跟老鳥都還沒走，我是不是就坐等他們離開？但明明沒事做，一直在整理電腦資料夾……。」

「說要帶著我做事的老鳥，結果盡把機械性鬼打牆的報表通通丟給我，每天打這些數字會有前途嗎？」

「部門我最菜，誰都能聲控我，開燈、關燈、影印、碎紙、空調，我又不是智能機器人！」

不用擔心，上述的心聲其實每個剛進職場的新人都有過！你並不是懶惰，也不是草莓族，你只是還沒有調整好正確的職場心態。請記得：「**職場並不是學校生活的延續，而是另一種人生的全新開始。**」

當你邁入職場，就是一次的重生，這個職場人生與你過去的人生迥然不

同。有所付出必有報酬，相同的，有了報酬必得繼續不停付出。

三大轉念，菜鳥也能變天菜！

過去你跟著大家一起念書、考試、升學、畢業……都是一樣的速度，像一批一批溯游向上的鮭魚，也像一群一群過境的候鳥，分不出你我他那樣的均速向前；如今到了職場，你必須脫穎而出，跟別人不一樣。因為未來漫漫二十到三十年的職場人生，演變到最後是一座金字塔，唯有不斷的創造個人差異化，不斷向上，才能存活於金字塔的較高那端。有了這樣的認知，你就清楚：從現在開始就要做不一樣的事，菜鳥也要變天菜！

▣ 別人不做我來做，塵埃也能開出花來

「事有必至，理有固然」，一個組織裡會有一些雜事、行政事務、瑣碎流程、日常報表……是從之前一直累積到現在的習慣，無論這些事情煩人與否，

它們的存在必然有些歷史因素，因循積累到現在。

重點是，你必須先做過一次，才會發現中間不合理、沒效率、應該改進的地方。而這時就是菜鳥發揮的最好時機，請勇敢的提出改善計畫。即使是一個小小的報表整合，或是流程簡化。只要是別人沒發現的事，而你能在菜鳥時期主動向主管建議，恭喜你，你已經讓塵埃開出花來，主管絕對對你刮目相看。

▣ 有一天我會長大，而你會老

老鳥倚老賣老，討不討厭？頤指氣使，氣不氣人？三句不離「這你不懂？」煩不煩？相信答案都是肯定的。但如果撇開這些擾人的職場負能量，你可以想想，過了幾年當你到了老鳥這個位子，能不能比他更優秀？能不能比他混得更好？

當你這樣想時，你會發現自己開始往他厲害的地方學習，並且拚命挖掘對方的長處，更棒的是，你會開始看他不足的地方，確保自己沒有如此的缺點，因為未來——你並不想成為這麼討人厭的老鳥！

▣ 犯錯被罵很美好，給你批評那是愛

菜鳥被罵是很正常的事情，這也是職場中極為珍稀的黃金時期，你能被容許犯錯，以從錯誤中學習。你可能會覺得自己像三代同堂中的小媳婦，誰都能說你兩句給你批評，但不如轉念這樣想：**只有現在犯錯，不僅犯不了大錯，還能學到東西**。等到年資越來越老，職位越來越高，那時想犯小錯還犯不了，一旦失足一定是茲事體大的致命傷，得到的就不是責備跟建議了，非常有可能是資遣通知書。所以現在所有給你批評的人，他們並不是在找你麻煩，恰好相反的，那都是真愛！

小事，菜鳥才有機會做出大功績

在外商打滾近二十年的經驗中，我記憶最深，成就感最大的，是在菜鳥第一年時所做的事。

當年在這家知名消費品外商公司（藍色行銷殿堂），最著名的口號是號稱

「工作生活平衡」（Work Life Balance），卻人人幾乎都在加班，因為它還有一個著名的文化「當責亦全責」（Full Ownership），在責任制之下，什麼事情都是你的事情，公司已經沒有在跟你討論加班與否，上下班只是一個時間切點的問題，責任卻是一個無時無刻不在肩上的擔子。

在責任制之下，我雖然鮮少在辦公室待超過晚上七點，但其實我不時為自己負責的品牌與行銷計畫操心。有一次，一輛拍飛柔洗髮乳廣告用的道具卡車，因為廣告公司無法存放看管，公司必須花錢買下變成資產，存放在倉庫，以便未來拍片使用。

但問題是這筆「買車的費用」完全不在今年的行銷預算裡面，且在當時若買下這輛車，必須擠壓我好幾場的賣場促銷活動！這個問題讓我傷透腦筋，簡直夜夜都噩夢纏身，心想我是為了成為一個頂尖的行銷人才而進這家公司的，怎麼現在成為一個頂尖的二手車買賣人才？

如果是不得不解決的麻煩，那就面對它、處理它，並且找尋由負轉正的機會（Turn Negative into Positive）。如果可以幫我的品牌省下一筆莫名其妙的費用，將行銷預算發揮在真正能產出銷量的刀口上，叫我解決一輛車的問題又有什麼難？轉念後靈機一動，下班我就在信義區四處晃蕩，尋找未開發空地，以及便宜又有人管理的停車場。

後來終於在當時信義商圈尚未蓬勃發展的邊緣處，被我找到一家月租不到兩千五百元的民營停車場，還有一個親切的退休榮民伯伯駐守看管，二話不說我馬上和停車場簽下一個長期停車租約，並拜託這位榮民伯伯多關照我們的洗頭專車，別讓它被刮花或傷了表面的烤漆文案。

這個動作為公司省下一筆不貲的固定資產費用，不但有專人看管，也方便日後拍廣告片，或賣場活動需要時，作為機動性的調動管理。後來這個洗頭專車的廣告專案連續拍了兩年，洗頭專車也出動了無數次，在風吹日晒雨淋之下，終於功成身退，交給活動公司報廢處理了。

想不到這項「找停車場」的工作，變成當年我在績效評估上的首要功績（Top Achievement），也讓我展現自己解決問題的能力，以及當責全責的心態，成功的從菜鳥脫身成為「天菜」。

職升機位有限，快速預定指南

- 職場不是學校生活的延續，而是另一種人生的全新開始。
- 別人不做我來做，塵埃也能開出花來。
- 面對前輩刁難，默念：有一天我會長大，而你會老。
- 菜鳥被罵是正常，把握此時，犯不了大錯，還能學到東西。
- 事情再煩，必須先做過一次，才會發現中間不合理、沒效率、應該改進的地方。
- 如果遇到不得不解決的麻煩，那就面對它、處理它，並且找尋由負轉正的機會。

07 忠誠是好事，但，愚忠就是蠢事

當你頗得主管賞識，常常召你進辦公室聊天談心時，記得要千萬小心，**在菜鳥階段，這不一定是一件好事**。

肉身擋子彈事件後，我順利進入「圓桌信任圈」，在通過試用期之後，我除了稍微搞得清楚辦公室到底是怎麼一回事之外，同時也替小鋼炮洗刷了「新人殺手」的名號，從此躍升為她口中的明日之星，過了一陣太平的日子。

職場貴人也可能是冤家

但在外商公司當中，因生意需要，人事變動（媲美換檯）之迅速，有時流動率快的不僅僅是部屬，更有可能是老闆。

有一天，剛到公司，我的電話響起，一接起來，是小鋼炮，壓低了聲音說：「我啦，到我辦公室，現在。」其實根本不用猜，我也知道是她打來的，她很早到公司，我又是團隊中的「早鳥」，每天早上，帶著早餐進去，陪她聊個半小時的天，直到有其他人進來可以供她召喚，是我的例行公事。

走到她的辦公室，還來不及敲門，從門縫中便伸出一隻手將我一把抓進去，隨即把門關上，百葉窗拉下。那個態勢，我以為房間裡面藏了一具屍體還是一箱現金，神祕兮兮的，搞得我也十分緊張。

「我要換植物了，妳有什麼想法？」她壓低聲音，終於開口。

我呆呆的看著盆栽說：「這個萬年青挺好的啊，妳想換蘭花嗎？」

話才剛出口，頭立刻被厚厚的資料夾敲了一下：「我是說換職務啦！」

小鋼炮在這個職位上已經做滿兩年，在外商公司，通常兩到三年會做一次品牌調換，讓每一位行銷人才都能輪番歷練。原本這是一次再正常不過的調動，但小鋼炮顧慮良多，因為公司要她和當時的死對頭——美貌優雅的B姊——調換職務。也就是說，公司裡她最看不順眼的另一位同級，即將來帶領她現在的團隊（也就是我們），而她要去指導對方的麾下。

這樣兩邊敵國互換將領的安排，我在三國志、官場現形記或孫子兵法中都沒看過，虧這家外商公司想得出來，到底有什麼用意？還是其實是一場具有實驗意義的行動展演？這等於是讓肯德基爺爺和麥當勞叔叔的頭調換組裝嘛，光想到那個景象，我就不寒而慄。

果不其然，小鋼炮費盡了唇舌，鼓吹我與她同行，調換品牌。

我遲疑的說：「可是我才剛過試用期，就要換品牌？」

接下來，她花了幾乎快一個早上的時間，把我關在辦公室中，口若懸河滔滔不絕的，分析跟她一起換到新品牌的利弊（幾乎沒有弊），我覺得自己像被金光黨關起來待宰的肥羊，等到出辦公室已經完全被洗腦，心中只有一個想法：「我一定要效忠君主！」

當然，我也只是主管旗下的一枚棋子，對於她為什麼非得帶我過去不可，我究竟有多麼優秀好用，著實搞不太清楚。只知道自己像剛孵出來的小雞一樣，認定了第一個見面的動物便跟著，主管需要我的地方，上刀山下油鍋，兩肋插刀我也去。

「我」只有一個，主管可以有千千萬萬個

後來，我果然發生了菜鳥生涯裡的最大危機，不只兩肋，全身都被插了很多刀。首先，部門總監當然不能容許小鋼炮這樣亂搞，換個職位把下面的人也撮弄過去，她並沒有把我叫去問話，但是後來我從「圓桌武士信任圈」的大哥大姊口中聽到，我已經被拉黑。

部門總監覺得我平日已經甚少笑容，外貌冷漠，有「臭臉妹」的稱號，現在還挑主管、挑工作，簡直是「歪嘴雞想吃好米」，一百個不知好歹。我不知道小鋼炮怎麼跟部門總監遊說的，總之她對我印象急轉直下，怎麼會有新人才進來三個月就想挑工作？

想當然，小鋼炮的乾坤挪移大計最後沒有成功，她被調去新的品牌，我留在原地，而新主管來了之後，對我的臉色更是嚴峻，簡直像古墓派裡頭的小龍女一樣，冷冷冰冰。我再菜、再愚笨，也隱約知道，這是因為我被貼上了「小鋼炮門派」的標籤。高層在討論組織安排時，我也被說成一個不僅挑主管，

還討厭新主管的人，我甚至還聽說過一個傳聞：「Elsa說如果是B姊來當她主管，她就要辭職。」聽到時我真是口含冤血，差點昏厥，這是什麼古代貞節牌坊烈女忠臣的情節，現實嗎這？

還好我除了話少、冷漠、臭臉之外，工作態度跟效率上是沒有什麼可以挑剔的，B姊的個性雖然極為謹慎（龜毛？），但是她要的東西，我可以提早再提早，仔細再仔細，寧可用細節淹死她，不能讓她覺得兩手空空進會議室。和她共事一、兩個月後，她也慢慢對我收起冰冷的態度，有時也會對我多說兩句體己話，而我總是心懷感恩的謙卑點頭，總算是死裡逃生，遇見好心人。

這次「愚忠事件」，我學會：在職場上，尤其是新人，最忌被貼標籤，因為辦公室內，幾乎每個人都比你資深或高階，誰都有可能有一天變成你主管。

正面積極的想，只要在職場上認真做事，表現出專業，從每個人身上都能學到東西，有點像集各大武功門派於一身再來闖蕩江湖，這樣才是智者。

千萬不要被貼上「〇〇〇門派」的標籤，這樣只有被當成箭靶或是外人的份。重點是，當初極力招攬你的「貴人」，很有可能最後有意或無意間變成

「冤家」，讓你在公司裡處於極為艱難的險境，還是要千萬小心。畢竟，大家都是公司裡的棋子，只能為自己打算啊。

奉勸菜鳥們，**我就是我，我只有一個，主管可以有千千萬萬個，不必抱持死心眼只能跟定一個主管，而是要將每一個碰到的前輩，都看成自己的貴人**，做事的態度可以充滿傻勁，面對人際關係，這一點聰明的心眼還是要有的。

職升機位有限，快速預定指南

- 我們都是公司裡的棋子，只能為自己打算。
- 「我」只有一個，主管可以有千千萬萬個，不必抱持死心眼。
- 把每個前輩都視為自己的貴人，虛心學習。
- 職場裡沒有永遠的貴人，罩子放亮、嘴巴守緊、做事勤快，自然不會被捲入鬥爭中。

第二章

升遷說明書，
五件事你得「上心」

01 有效抱怨，會哭的孩子有糖吃

經過兩年出頭的菜鳥生涯，我也漸漸被磨成老鳥，公司開始有比我更新的人進來，將我從生態鏈的底端漸次的往上頂替，不知不覺中，我成了資深品牌副理，也進入下一階段晉升的候選人圈當中。

從小鋼炮和古墓派仙女的門派風波中，苟且偷生存活下來的我，自此對公司一切人事安排皆低頭臣服，絲毫不敢有意見；部門會議中發布任何人事命令，我一定訓練自己擺出微笑，笑得再難看，也得扯出嘴角，免得被冠上「臭臉」、「不合作」，甚至貼上任何派系標籤。

我不知道自己的運勢屬於剋君運還是幫君運，我的主管，位子總是坐不久，小鋼炮換品牌後，不到一年就離開公司另謀高就。古墓派仙女也是，九陰真經還沒完全傳授給我，也在外頭謀得了更好的職位，兩位前主管都算步步高陞，只留下工作兩年，即將換第三個主管的我，在原地傻傻的祝福她們。

第三個主管來了，而她的名字（F女士）在人事命令發布的那一天，我可是一點都笑不出來，因為自進公司以來，我從未見過這個人，卻突然宣布她將接任品牌經理。我趕緊向辦公室其他前輩們打聽（此時圓桌武士圈也都散得差不多了），才知道原來她過去幾年，休完產假後請育嬰假，因此鮮少在辦公室出現。

有一位面善心善，師姊型的人物跟我說：「妳能被F帶到，實在太好了，她真的非常有……母愛。」我原本心想，能在辦公室得到一個「很有母愛」的評價，此人真是絕了，但應該是呵護部屬，慈眉善目型的，也就放下心來。

從「臺灣水牛」變「罔市」

F果然名副其實，是個母愛過剩的女士。她完全把我當自己小孩看待。首先，沒有對的方法，只有她的方法。如果我做事不照她的方式做，不管成效怎樣，她都會打回。據她所說，這是培養正確的做事習慣，不要「偷工減料」，就跟教小孩早晚刷牙，飯前洗手飯後漱口一樣，都是培養好習慣。

曾經有一次，她跟我要一個媒體計畫簡報，我問她死線何時，她的回答耐人尋味：「妳準備好了，何時都行」，我心想還是不要拖太久，於是一個早上便弄出來交給她。

結果，她花了一個下午跟我檢討這份媒體計畫簡報，就像檢討考卷一樣，問我這裡為什麼這麼寫，那裡為什麼不那樣寫，總之怎麼寫都錯。她見我都不說話，便說：「我知道妳不高興，但我是為妳好，我們是要做對的事，不是把事情做對」。

事實上，有件事我真的做錯了。這份文件是從前前前任品牌副理留下來的，我只是從資料夾中找出來，除了更新時間跟一些有所變動的生意現況、預算數字、媒體走期，其他如品牌受眾、品牌資產、消費者洞察……全都未變。而且，這前前前任品牌副理，就是她本人。

我當然沒有笨到告訴她：「可是經理，我是抄妳的。」也沒有大膽到挑戰她：「同一個品牌，短短三年內受眾輪廓跟形象資產會有變化嗎？」我已經夠世故成熟，知道什麼東西就該往肚裡吞，而且雖說是三年前她寫的東西，三年後她肯定長了智慧，以至於同一份文件，看起來便不一樣了……。

拿了人家的文件，未虛心請教就改，是我的不對。從此之後，我便封她為「為你好」主管，也心知肚明，她所做的一切都是要在辦公室裡樹立一個「誨人不倦」的形象。

說實在話，當時我在公司裡的評價，除了臉比較臭外，大家對我工作能力都是高度肯定的。從我曾經徒步在信義區走上好幾天，終於幫洗頭車找到停車位這件事開始，主管們對我都有深刻的印象，認為我的解決能力和刻苦耐勞都很強，除了臭臉妹之外，我還有「臺灣水牛」的封號。

我們這個品牌團隊裡，除了我，還有一個新進菜鳥D弟。從D弟進來的第一天開始，我就感覺自己是個「招弟」或是「罔市」，再也不是原來的艾珊。「為你好」主管就像個老年得子的媽媽，只要D弟在，話說錯也好，事情做錯也沒關係，反而好像越錯越好，因為「為你好」主管的母愛會爆棚，樂不可支的笑著叨唸：「你就是天真！」、「怎麼這麼傻！」露出一副「沒有我你怎麼辦」，無可奈何又備受需要的幸福樣。

但臉轉過來對到我時，就不一樣了，那個「好傻好天真」的評語是動真格（按：認真看待，當真）的，皺著眉，一臉不滿的說著，偶爾再加上兩句「我當年可不是這樣的」、「妳和我的程度真的差得很遠」，連D弟搞砸的鍋，她都能算在我頭上：「身為資深人員，都沒有提攜後進的能力。」

我感覺自己好像揹著弟弟在刨地瓜籤的姊姊，而我們的媽媽站在背後冷冷的數落：「動作那麼慢！先幫弟弟換尿布，等一下再去溪邊洗衣服！」當時真的，每天睜開眼睛，就想著要辭職。

好險，之前我所結交的前輩人脈，仍然能當我的智囊團。有一天，約了圓桌武士圈內，已經離開公司的J姊喝咖啡。

J姊聽完我悲慘的罔市遭遇，雲淡風輕的跟我說：「她就是愛唸，凡事要照她的規矩做，控制欲超強，偏偏妳就是不得她的緣，能怎麼辦呢？話說回來，她只是大媽，又不是真的是妳媽，妳接下來就要等晉升了，除了她以外，一定要找其他的贊助者（sponsor），**盡量讓自己的表現被多一點的長官看見，**

這樣就算她要卡妳，妳也還有別人能投支持票。」

J姊還說了一句：「其實她卡妳對她有什麼好處？妳想想，每個搞小動作的人背後，一定有動機，如果妳能滿足她的動機，那她自然沒有理由跟妳作對。」J姊實在太酷了，她的最後一句話將我一棒打醒：「作對也需要力氣，妳算哪根蔥啊？」

幸而藍色城堡著名的組織文化中，還包含了一種「導師制度」，除了自己的主管外，也可以找別的品牌、別的部門，甚至別的國家的資深人員，來作你的導師，除了對員工職涯指點迷津，也呵護個體的心理健康（發洩管道）。

我直接找上了位在廣州總部的品牌總監，也是轄管大中華區（中、港、臺三地）歐蕾（OLAY）品牌的德國總監，來作我的職場導師。

其實若不是被逼急了，每天罔市的生活太催淚，以我的個性（以及欠缺跟外國人自在交談的自信），實在做不出如此「僭越」的事來。但沒辦法，當時的日子過得水深火熱，我大膽寄出一封誠惶誠恐的信之後，沒想到總監竟然秒回，一口應承。

善良的人，更要有心機

做人不能光有善良，沒有心機。記得那次到廣州總部進行年度計畫報告，是場非常重要的會議，「後媽」主管F女士將其中一小部分，有關抗老新品的上市計畫交給我報告，她則負責整個品牌架構和損益規畫。不幸的是當時臺灣歐蕾的生意不佳，而她除了體質容易緊張，簡報技巧也堪慮，常常什麼細節都不放過，說到大家都不耐煩，覺得這個團隊除了生意爛，藉口也多。排在她後面報告的我，自己都覺得苗頭不大對。

果然，在我們被分配到的短短一個鐘頭裡，後媽負責的品牌策略和財務測算，被品牌總經理和財務總監連連挑戰，簡直每說不到五分鐘就被打斷一次，最後不僅超時，沒能輪到我報告，甚至整個年度計畫要回去砍掉重練。

我和D弟低頭默默的跟著後媽走出大會議室，看她那怒氣沖沖的背影，我幾乎可以想見下一步就是把我們叫進另一個會議室，然後把所有的錯都算在我頭上。雖然數字是她算的、策略是她擬的、簡報是她批閱的，但那些投影片是我根據她鉅細靡遺的意見，調整了無數次的。一定是哪個地方沒調對，Logo 沒放好，才讓她今日運勢不佳，我都做好挨罵的心理準備了。

這時，德國總監竟然從大會議室中奔出，叫住我們這垂頭喪氣的三人，問我們回去的班機幾點？下一句則是：「那還有時間，我能不能有三十分鐘和Elsa 一對一談話（one-on-one）？」

到現在我還記得後媽眼中噴射出來的奇異火焰，熊熊的燒灼在我和德國總監離去的背影上。從那一刻開始，我仰望總監的眼神中，就包含了濃濃的崇敬和愛意，他簡直就是拯救灰姑娘的中年王子！

在回程的飛機上，三人連座的位子上，「罔市」我當然坐在中間（因為後媽想坐裡面獨自靜靜，然後D弟膀胱無力常要跑廁所，所以要靠走道）。氣氛非常詭異，起飛後，後媽打開筆電，大力的敲打著鍵盤，好像打地鼠一般，除了指甲和鍵盤的撞擊聲，只剩下尷尬的沉默。

「那個……總監找妳去，談了什麼？」她裝了一肚子氣，忍到我覺得她都快飄起來了，才肯開口問我。

我告訴她，總監問我對公司、品牌、還有人才發展有什麼看法。而我據實以報：「在F女士（後媽）非常注重細節與事事當責的領導風格下，我學會了永遠先問過她才做事，以確保自己做對的事。還有務必將照顧新人視為己責，因為人才是公司最佳資產。生意要好，組織裡的學習一定要流通，F女士常常將指導D先生的責任授權給我，讓我提早有管理部屬的經驗，我非常感謝她。而且，原本我對自己是否能夠順利升遷有所疑慮，因為從來沒有帶人的經驗，但經過F女士的磨練，我非常有自信可以發揮自己的領導能力，迎接升遷的考核。」以上句句屬實，都是我對總監說的話，而當時他看著我時那會心的一笑，我相信話中的話，他聽得一清二楚。

F女士看著我的眼神，參雜著驚訝跟恐慌，她大概不知道我為了這次談話，心中沙盤推演多久，如何以褒代貶，委婉的越級鳴鼓，其實大意就是兩個：第一，這主管把我刁得要死，新人的錯都栽在我頭上。第二，我已經準備好升遷，也在升遷考核名單內，你可以開始跟人資要我過去的工作評估報告，看看我適不適合（當然我的考績優良，否則也不敢來這招）。

隔日我再進辦公室，F女士態度完全不同，「後母」變「社工」，我從「罔市」變「孤兒」，她從此不再過問我的項目，只需要最後給她看一眼。日常辦公室中，她依舊每天抓著D弟絮絮叨叨，兩個人關在辦公室內吱吱喳喳，而我則孤身坐在自己位子上，渾然不知發生什麼事，變成真正的資訊絕緣體。

回臺灣以後，我找J姊喝咖啡，跟她說了這次飛機上的談話，以及之後F女士對我的態度。

J姊說：「想不到妳已經不是當年的臭臉妹了，心機這麼重啊！」她也提出了合理的質疑：「妳這樣形同陌路，正式被排擠，好像也不太好吧？」

接下來我告訴J姊的事，才讓她鼓掌叫好，大笑：「來這招，妳真的準備好升官了，不錯！」原來，在那三十分鐘內，我不僅談組織，也把握最後短短的十分鐘，和總監講了一遍沒機會報告的抗老新品計畫。

我的簡報和我的臭臉風格一樣：冷靜、簡短、聚焦，而總監也是極有經驗的行銷者（以及全世界最帥、最有智慧的主管），他靜靜聽完後，告訴我：「你們品牌現在正在谷底，做這些錦上添花的調整是沒有用的，一定要釜底抽薪。」他答應之後會分享給我一個泰國歐蕾相當成功的行銷案例，要求我無愧複製（Shamelessly Reapply），在一個月內重新提出抗老新品計畫，並在這個計畫上直接向他匯報。

這之後，就是我帶著歐蕾這個品牌由谷底翻紅，開啟全新職涯篇章，走上高陞、外派、充滿挑戰與衝擊的外商之路，另外的一長串人生故事了。

職升機位有限，快速預定指南

- 拓展自己在公司的能見度，別讓自己的升遷受制於直屬主管的喜好。
- 越級抱怨是職場大忌，所以要以褒代貶，想好說詞。
- 所有的人事鬥爭，最後都得回到專業表現。
- 越是受到擠兌欺壓，越要展現出無可挑剔的專業。

02 金飯碗必附贈難嚥的隔夜菜

在二十幾年前的「當代」，大學畢業時面對的問題，似乎是：「要選擇哪一種試來考？」，而這也多少說明了你對未來職業，以及選擇職業後，因而衍生出未來幾十年的生活模式，有著什麼樣的期待。

有人選擇高考，意味著服務於公職，一輩子捧國家的飯碗；有些人選擇專業資格考，比方說會計師、律師、建築師……通常與大學主修科系相關；還有一些人選擇念研究所繼續進修，不過在這些人當中，真正對高等學術研究抱持熱情的，可能並不多。至少對我個人而言，純粹只是感覺光是大學畢業的學歷不夠具有競爭力。同時亦抱持著更深一層的猶疑，還不確定自己要做什麼。

這種不知何去何從，未來應該成為什麼樣的大人的迷惘心境，在每一個世代都會發生，並不專屬於當今所有。只能說現在年輕人更為辛苦的地方在於：選擇更多、資訊更爆炸，所需要的反應更快。

我的年度目標——今年（天）不要被資遣

這樣今昔處境兩相對照之下，不禁覺得當年剛進社會便選擇了P＆G的我（或是有這個榮幸被相中，成為誠心誠意為消費者服務的藍色鬼屋幽靈），其實是一種對命運的耍賴與貪圖便利吧。因為這家公司著名的人才淘汰制，讓你每天去工作時也沒啥選擇，無暇多想，只有一個目的——今年（更消極一點是今天）我不要被火掉（Fire，資遣）！

請不要誤會，P＆G的這套方式，並不是抄襲當年川普先生很紅的一檔電視真人秀《誰是接班人》（*The Apprentice*）。如果去Google一下，可能還找得到YouTube上的影片，看到貌似戴著金色假髮，前後髮流難以分辨的他，對著辦公室裡西裝筆挺卻面相帶衰的菜鳥們吶喊：「You're fired!」事實上這樣的人才淘汰制，對應的是這公司非常特殊的組織文化——內部晉升。

這家公司永遠沒有空降部隊的問題，不管是CEO（Chief Executive Officer，執行長）、GM，各個位置的老妖精，一定是從公司內部最基層做起，一路被拔擢向上；而所謂的基層，更是血統純正的基層，也就是「純」社會新鮮人。沒有任何工作經驗，沒有遭受其他公司文化的荼毒，如同一張白紙般純潔無瑕（當時我們都戲稱這是不是一種「處女情結」，當然，不知道現在這家公司的聘僱原則是否依然如此）。

在這樣的設定之下，非常自然的，組織中一切生態必須遵循達爾文的演化論——物競天擇。

一般來說，企業的組織當如一座金字塔，基層的幅員廣大，越上層則位子越稀缺，也因此每年肯定要淘汰固定比例的人，才能一層一層往上堆疊，成為金字塔的樣子（應該沒有哪家公司的CEO比工讀生還多的吧？倒金字塔這種好事，恐怕只有在特殊時空設定的科幻小說中才會發生）。

所謂固定比例就是：在每年的考績過後，約莫有一五％的人，會得到 rating 3（按：rating 1=exceed expectation，超出期待準備升遷；rating 2=meet expectation，符合期待算你正常；rating 3=bye bye，來生再相見）於是年復一年，你的同伴會越來越少，在一次次的考評後自動消失。

在「不升官就滾蛋（up or out）」的規則下，同梯進去的同事，待得越久越難看到最後還能各得其所，修得正果的局面。

職場上的同事，雖然未必最後會變成互相插刀的仇人，但交誼層面能夠延伸到職場之外，或是**離開公司之後還能保持聯絡的，大約比找尋到真愛的機率還小**。能在臉書上保持朋友關係，或是還能偶爾約頓飯，大概已經是同事關係中最圓滿的一種「善終」。

當然，如此敘述純粹來自個人經驗，事實上，我也還保有幾位雖不常聯絡，也很難約飯，但一旦臉書問答，必定坦誠相助的朋友。我僅僅想要表達，在這樣競爭環境之下，能交心的都是真心，就如戰後老兵俱樂部一般。

在此奉勸，還在煩惱該跟同事保持何等距離的年輕人：讓時間決定一切。**職場同事有十之八九都是過客**，也因為這樣的短暫因緣，**互有摩擦不必介意**，**遭受排擠不必上心**，**一切都會過去的**（最好的方法是認真工作，變成他的主管，那就什麼摩擦都不會再有了）。

做自己，先誠實面對自己

活在藍色鬼屋裡的日子，我常常都在想，自己是不是其實只是一隻被規畫好跑圈路徑的倉鼠，一切都在企業的掌控之下。年輕的我常常有一種憤慨的感覺，有點像退役後失去戰袍的老兵，即便存活下來了，也常覺得時移事往，沒什麼意思。

當初離開這家公司，有點像離開自己的初戀，心情隱隱惆悵低落。但也是離開後才發現，不僅僅在這裡，其實**整個世界的各個角落、各個位子，都是一場單場淘汰制的競賽**。

如果你要踏尋「成功人士」的路徑，不可避免要面對的便是競爭、挑戰、淘汰、適應、存活……各種演化論的詞彙。因為這社會所定義的成功人士，總體來說，方向性總是向上，稀缺性偏高，粥是永遠不可能比僧多的。職稱、財富、頭銜、地位……都是。

但是反著說，若想要開闢一條「幸福人士」的路徑，需要的不是能力與條件，而是「了解自己」的坦白與勇氣，簡單來說就是誠實的面對自己。

我們在學校或企業的環境中，一直被灌輸「有志者事竟成」，彷彿只要設定了目標，剩下的問題只存在於自己夠不夠努力，卻忽略了時運、機緣、人脈等種種因素的不可控性，更從未深思一個至關重要的人生大哉問：「我到底適合什麼樣的生活？」做「成功人士」，你能得到真正的快樂與平靜嗎？抑或面對的是永無止境，無限增生的焦慮，那種只要停在原處一時半刻，就會被命運淘汰踢走的恐懼？

我曾經為自己設下在大企業中成為總經理或行銷長（Chief Marketing Officer，簡稱CMO）的職涯終極目標，最好一年三百六十五天都在出差，沒有家庭也別結婚，工作就是我的人生。也曾一度完全朝著這樣的目標前進著，後來發現自己不僅身體無法負荷，內心深處也從未感覺到喜悅、滿足、快樂，總是想要更多、做得更多、害怕也更多。

如果年輕時，我夠了解自己其實是一個喜歡家庭、穩定和歸屬感的人，也不具有在外商企業一路「演化競爭」到人生最後一刻的能力，或許我可以少走中間那一段讓自己心力交瘁，差點失去家人，也失去生命意義的苦雨彎路。

因此對現在正在二十幾到三十幾歲，身為社會新鮮人／中堅人士的你，我的忠告是：「認真的思考你想要的人生、適合的生活，以及個人的才能。」**企業可以訂定你的績效目標，周遭的人可能會對你有某種程度的期待與投射，但是只有你自己可以定義何謂「成功的人生」**。

真正的成功不是在一家公司混得久、混得高，而**是不管到哪裡，都能應付生活與社會的挑戰**，做一份正當的工作，付出適合的心力，領著合理的報酬，過著自己想過的生活。

如果你的生活中最大的興趣就是工作，那便義無反顧的往金字塔上爬，因為這是上天賦予你的才能與方向；但如果你的熱情在別處，便在那處好好守著這難得的火光。**做自己的主人，別被企業豢養了**。

職升機位有限，快速預定指南

- 同事大都是過客，互有摩擦或被排擠不必介意，一切都會過去。
- 還擊一個人最好的方式——讓自己比他更優秀。
- 整個世界的各個角落，各個位子，都是一場單場淘汰制的競賽。
- 成功不該由別人評斷，只有自己可以定義。
- 真正的成功是，不管到哪裡，都能應付生活與社會的挑戰。

03 沒人會問你準備好了沒

「某某某，下個月公司有打算要升你職，從產品副理升到產品經理，你覺得如何？準備好了嗎？」

如果你是這麼幻想著有一天，主管會把你叫進房間，和顏悅色的通知你這個喜訊的話，很抱歉，升官這件事恐怕在你的人生裡，還需要等待好一陣子。

原因無他，就是心態問題。**想要升官，絕對不能期待別人來問自己準備好了沒，反而應該時時刻刻展現「我就是主管」的姿態**，並且持續的對外發送這樣的訊號。聽起來有點像妄想症，但這是真的。

因為企業的組織是金字塔的型態，而人才的流動，不外往上或者往外，極少數的企業會鼓勵長時間的平移或跨部門體驗，而除非是到了職涯的中後段，才有可能在同一個位置／階級滯留不動。**起碼在剛進公司的一到三年內，你沒**

有別的選擇，只能向上。

如果認清了這樣的動向，再稍微匹配一下上層的位子與此時同級的同事，你大概就可以計算出升遷的機率，一般人在面對「競爭」時，大概都是這樣的心態：環視四周，我必須打敗多少人。但是這樣的眼界，反而會影響你的職涯表現，讓你工作失焦、模糊目標，做事也不容易專心。

我的建議是：將目標放在「**假設我已上位，應該具備什麼樣的能力？**」然後盡你所能的去模仿與表現。有點像是演員在揣摩劇中角色時，為了能展現演技，最好的方法就是——「把自己當成劇中人」的代入法。

想升遷，自己要先做出上位的格局

我在第一次升遷前，陰錯陽差之下，領悟了這個哲學。

當時有一位品牌經理，因為違反公司的道德守則而被資遣。公司面臨品牌經理缺人的危機，我的主管被調到別的品牌，並由部門主管（行銷總監）暫代品牌經理之缺，身為品牌副理的我，便直接匯報給他。

一般而言，企業中的職務代理模式大約有三種：上代下（校長兼撞鐘，就如那時的情景）、平行代理（領一樣的錢多做一點事）、下代上（測試你是否有上位的潛力）。當我的主管被調去其他品牌，而公司未採用下代上的模式，讓我代理品牌經理，明顯便是覺得我上位的能力，還有待證明。

當時的我沒想太多，每天僅想著如何把手邊的事做完，準時下班，也沒有觀察到我的主管已經分身乏術，一人做兩人的工作，時有捉襟見肘的窘況。說實在話，那時的心態是有點賭氣的，像是：既然公司覺得我不夠格升官，那我就只做這個職務範圍內的事。

直到有次，我和部門總監一起，向總經理進行例行性的業績週報。總經理進了會議室，才發現根本沒有人將上週的業績分析統整，整份報告出現開天窗的狀態。

我還記得總經理對著部門總監說：「報告在哪？」而總監結結巴巴的解釋著，大意是說太忙了，一時忘記準備……此時總經理對著他劈頭便嚴斥：「你是代理品牌經理，這表示你該做好這個職稱對應的職責。代理的意思並不代表我對你的要求會打折！」

看著總監尷尬的表情，除了冷汗直流（以及默默祈禱他不要遷怒於我），心中也有所愧疚，其實我應當可以多做一點，提醒他應該準備（或吩咐部屬準備）的週報，局面也不致於如此難看。

在面對這種上位空缺，直接匯報給上一層主管的情景，不少人都會視為手到擒來，非我不可的絕佳良機。但在企業裡，也多的是「幫人養小孩」的辛酸故事，代理久了未能表現，職位被別人攔胡的情況也大有所聞，千萬不能因為代理一職便覺得十拿九穩。

升遷評量：人、事、時一樣重要

常聽到有人酸葡萄的說：「那個人會升官根本是運氣。」其實這話說的真沒錯，升官的第一要件是靠運氣，但除了運氣，還有其他不可缺的因素。

▣第一個要素：時間——搞清楚得熬多久

當一個位子空缺出來時，肯定是在原位的人往別處遷徙了，那也僅有幾種去向，好一點就是往上高陞，其次便是平調換崗，悲慘時就是被辭退走人了。不管是哪個，都不是我們所能控制的，等待升遷的人，就像在客滿的餐廳拿著號碼牌的候位者，上一桌客人什麼時候才會吃飽喝足結帳離開，是你能盤算的嗎？所以第一個要素，**時間**，便**是最依賴運氣的變數，也是最重要的變數**。

▣第二要素：做對事——力氣要用對地方

別浪費時間在沒人看見的工作上，「安全牌」與「印象牌」必須齊發。

企業裡有很多的任務、雜事，是屬於沒人會看見，而且做也做不完的隱形鳥事，能見度和影響力極低。比如說：業績統計、資料彙整、競爭品牌市場動態。這些任務通常重複性質高，也需要大量時間統整溝通，對於準備升遷的員工而言，應當視為自己的「基本功」而時時勤練。也就是說做肯定還是要做，在這些事務上也切不可失守，但因為突破性不高，通常有前例可循，打「安全牌」是一種策略。

當基本工作沒有問題時，也只是排除上級對你執行能力的懷疑。**想要出線，一定要找一件能見度和影響力都高的任務，爭取「印象牌」**。而這個能幫你加分的任務，不一定非成功不可。它可能是公司內人人畏懼，不敢去碰的燙手山芋；也可能是人人有信心，個個沒把握的新市場、新通路、或新合作模式。接下這個任務，除了可以營造你所要的印象，同時也訓練自己足以上位的心態是：「不懼挑戰」。

以我為例，在還是品牌副理時，我就以幫廣告道具——洗頭車，找到存放的停車場，替公司省下每個月幾十萬的倉儲費，而被認為在卓越的執行力和解決問題上績效優越。這也跟我所負責的品牌——飛柔，在公司內的定位有關，這個品牌不是最高端的，也不是最前沿的，而是以平價、實用、親和贏得消費者喜愛，也為公司貢獻穩定銷售量。因此如果在預算上找到有系統的節約方式，利潤便能大幅度上升，我也才能把「找停車位」這麼簡單的任務，轉化成生意上的戰略性貢獻。

當你已經看準有機會升官時，一定要仔細思考，哪一件事最能彰顯你在公司的戰略性貢獻，並且和主管討論，寫在當年的績效目標當中。

▣ 第三要素：人——代打變先發

什麼時候是你準備好上位的時候？就是你「看起來已經在位」的時候。

由於P＆G的品牌眾多，組織龐大，加上中、港、臺被劃分為同一業績區域，所以常常在一個行銷或廣告會議中，密密麻麻的人頭圍著大會議桌，除了總監和自己團隊成員，很多時候有人發言，底下的人就會交頭互問：「這個人是誰？」

當時情景令我印象非常深刻，來自香港某個洗髮乳品牌的同事，當被詢問到業績狀況和通路策略時，都能有條不紊的回答，而且對於廣告片給的意見，也切中要點，重點是他不疾不徐的自信態度，完全能掌握品牌現況，也能大膽爭取香港市場需求。

當大家都以為他就是該品牌的品牌經理時，總監說了一句：「Good Job!

Richard!」。我才想起這應當是前幾天才與我通過 E-mail 的香港同事，和我一樣僅是品牌副理，因為他的主管感冒無法出差，所以由他代為出席。當時我就有一種感覺：「他已經準備好了！」

回到臺灣後，我便更大膽的改變自己，不再僅做品牌副理任內的事，而是主動和主管要求分擔品牌經理的任務，會議中也經常代表品牌發言，不再有「我只是小朋友，有話讓大人說」的退縮心態。就在我完全將自己當成品牌經理後不久，公司便決定讓我升遷了。

話說回來，升遷的三大要素：人、事、時當中，若你已經充分展現格局，做事情也獲得矚目與影響力，但時機一直未到，是不是該痴痴的等呢？

我的建議：**盡量在第一家公司中熬到第一次升遷**，因為等待時機的耐性，也是需要磨練的，若光是因為等不及而跳槽，浪費了這幾年投資的時光與人脈（到新的公司等於歸零），在漫漫職涯當中，很可能會走得顛簸而一事無成。

如果「時機未到」，請與主管懇談，如果公司察覺這個困境，也認可你的能力，應當可以做出彈性的補償，如拓展任務範圍、部門輪調、企業出資訓練，甚至薪資上有所調整都是有可能的。務必要讓自己穩住心情，開誠布公的和公司探索「頭銜上無法突破，實質利益上如何成長」的彈性，在職涯青春期，心浮氣躁是必經之路，但充實自己、學會等待，對將來會有莫大的助益。

職升機位有限，快速預定指南

- 想要升遷，自己就要做出上位的格局。
- 別浪費時間在沒人看見的工作上，安全牌與印象牌必須齊發。
- 找一件能見度和影響力都高的任務做，以爭取印象牌。
- 找出最能彰顯你的貢獻的事，和主管討論，並寫在績效目標中。
- 盡量在第一家公司中熬到升遷。
- 等待時機的耐性，也是需要磨練的，別因等不及而輕易跳槽。

04 暗戀老闆是一種成功的助力

在剛出社會的前五年中，我工作最賣力，赴湯蹈火，賣肝亦毫不遲疑的時期，應該是在P&G中負責護膚品牌歐蕾時。

當時我是品牌經理，直線匯報給臺灣區行銷部門總監，虛線匯報給大中華區歐蕾品牌總監。其實，這兩條虛虛實實的匯報線路不是太重要，總之我有兩個主管要顧，粗略劃分，臺灣的總監管團隊與績效，大中華區的德國總監管品牌與預算。

在那時歐蕾的生意之爛、之悽慘和之悲涼的程度，大概就是醜孩子連親爹親媽都嫌那種；在公司內部向業務部簡報行銷計畫時，會被痛罵一頓：「不要再花錢做沒有用的廣告，客戶那邊的庫存快拿錢出來清一清。」而在公司外部做消費者調研，特別是焦點團體訪談（按：Focus Group Discussion，從研究者確定的研究主題中，透過團體互動來蒐集資料）——類似電影裡透過鏡面玻璃看偵訊室裡的囚犯被刑求，另一頭一堆刑事警探看好戲的那種場景——總會聽到毫不留情的直白點評：「喔！妳是我高中老師那個老牌子嗎？」、「我都買來送給我媽，自己用的話，冬天會拿來抹腳。」

在這種景況之下，能讓我撐住精神上的壓力，每天依舊兢兢業業的去上班，只有一個唯一的動力便是：我暗戀那個虛線的德國總監。

因為暗戀，所以想變得更好

雖然說是「暗」戀，但是這個情愫實際上卻搞得眾所皆知（只有那位德國總監不知），因為我會在工作日誌本上，鉅細靡遺的記下他會議中說的每一句話，會後總是第一個發會議紀錄、第一個採取行動計畫、第一個寄出業績覆盤（Business Review）給他……雖然同時間匯報給他的除了我，還有中國、香港另外兩個地區的品牌經理及團隊，但我常常一人獨占了所有開會的講話時間，以及總監的信箱空間。

而我這種瘋狂與討人厭的程度，常常惹得另外兩個地區的同儕們打電話給我：「Can you hold back for a second, we other people still have our own lives!」（妳能不能悠著點，我們其他人還有自己的生活好嗎？）。現在想來，真的是非常不可思議（和討人厭）的一股衝勁。

說是衝勁沒有錯，但也並不只是一股傻勁，在這位德國總監身上，我還是學到了不少很受用的東西：

▣ 無愧複製（其他市場的成功要素）

這句話起因於行銷人常常會有的迷思，那就是我們理當要有創意，理當要有開箱思惟（Think Out of the Box），所以原創性是非常重要的。電視廣告、行銷口號、主視覺，通通都應該與眾不同，最好是前無古人後無來者，註冊專利侵權必告那種。

但在一個跨國企業的工作範疇當中，特別是同樣品牌在其他市場已經有非常成功的廣告訴求或行銷計畫時，你應該做的是，研究本地與該地的市場、消費者、競爭者異同性，同時衡量能不能在最短的時間內，直接複製大部份的溝通材料，然後以最快的速度上市，直搗黃龍。畢竟**對企業來說，聘請我們是為了業績，並不是為了得奧斯卡最佳原創劇本獎**。

▣ 俯瞰全盤，瞭若指掌

當這位迷人的德國總監第一次對我們說教：「You have to be on top of everything in your business.（你必須對負責的生意大小事瞭若指掌）」時，我還搞不太清楚 on top of 是什麼意思？身為一個本土ＭＢＡ，英文再好也僅限大專聯考或多益（TOEIC）會考的範圍，像這樣稍微口語化的英文，我常常聽不懂。我一直在揣度，他到底是要我們在什麼的上面？

後來根據他說教的前因後果，拼貼起來才明瞭，真的是大小事都要顧：舉凡品牌故事、品牌精神、品牌資產、業績營收、十年計畫、競爭者動態，小到每個單項商品的建議零售價、建議促銷價、成本以及相對應的毛利，都必須「常在我心」。因為很多時候，在會議中問到一些基本生意資訊，需在有限時間內做出商業決策時，是沒有辦法容忍一個品牌負責人，僅能不停的翻查電腦裡的資料，一問三不知的。

事實上，這也是身為一個品牌負責人的專業表現，因為這樣的自我要求，我會在每週的一開始覆盤一次品牌的業績表現、各種指標的變動，並且要求團隊整理競爭者動態，爭取週一中午前寄給遠在廣州總部的德國總監。

雖然臺灣地區的生意只占大中華地區的一〇%，但在這一〇%裡面我可真的是格物致知、微觀綜覽，知無不言，言無不盡，總之沒有能考倒我的問題，更棒的是，這些東西都在我的頭腦中，假設在電梯裡巧遇總裁，要來個三分鐘電梯簡報（Elevator Pitch），我是絕對胸有成竹，不會遺漏任何細節的（只可惜總裁搭的電梯跟我們都不一樣，人家在全球總部辛辛那提）！

▣ 關心生意，不忘關心人才

在每月一次的大中華區品牌聚會時，匯報順序總是：中國市場、香港市場，最後才是臺灣市場。這樣的順序沒有任何的政治涵義，單純就是以生意貢獻度、市占率以及成長率來判斷的，中國市場貢獻度超過七〇%，每年以兩位數字成長；香港保養品市場總額雖然不及臺灣，但人家香港歐蕾的品牌份額可以到五〇%以上，多麼可怕！

每到這一月一次的檢視大會，我的壓力指數就毫不遲疑的上衝爆表，臺灣區的生意實在太差了，說實在話，如果我是那位在辛辛那提上班的總裁，我會直接切掉臺灣歐蕾這個闌尾，無論從品牌資產指數、營收表現、市場份額……各方面視之，當時的成績單，都是不用打開就知道的滿江紅。

但這位「迷人的德國總監」在每次開完會，都會找我和團隊私下談話，分享他個人也曾經遭遇過的品牌危機，在當時他的心情與感受，表達他的同理心，給予我們鼓勵和繼續向前的動力。我才深刻感受到，一個好的領導者不單只是展現成功的風範，更棒的是能敞開心胸，分享他脆弱、失敗的經驗。

可能，這不過就是鼓舞士氣的談話（pep talk），沒有什麼大不了的哲學，任何輸球的球隊教練都會說上兩句，但當一位教練同時轄管三支球隊，而僅有這一支球隊不僅體質羸弱，還從沒贏過球時，他大可把時間花在另外兩支冠軍球隊上，讓他們贏得更多榮耀與勝利。他的這些 pep talk，讓我和我的團隊更想努力。但到底要怎麼樣才能扭轉頹勢？

成功無法靠抄襲，但可以量身複製

故事的後端，我和團隊靠著他的建議，參考了泰國歐蕾一個著名的行銷成功案例——交換活動（Swap Campaign），邀請全臺灣消費者，持專櫃保養品空瓶，便能免費換取歐蕾正品保養品一瓶。我們對自己的產品深具信心，蒐集試用者滿意度之後，打出了「超過九〇％專櫃保養品消費者使用後滿意」的口號，廣告一出不到一個月，業績真的翻轉了，我們面臨的問題不再是滯銷與囤貨，反倒是缺貨、空運成本、通路調貨……各式令人愉快的難題。

歷經十年頹圮後，歐蕾在一年內神翻轉，奪回第一名的市場占有率，並且連續三年以兩位數字成長，臺灣歐蕾的廣告也被香港、大陸市場使用或翻拍，我和我的團隊也獲得不少年度品牌大獎的殊榮。

在另一線故事的後端，我和這位迷人的德國總監，清清白白，當真什麼事都沒發生。因為我很清楚，這樣的暗戀或迷戀，只是立基在專業的崇拜，和一種生意上的知音之感；除去我們都負責並熱愛歐蕾這個品牌的共性，或是跳離P&G這個藍色場域，我們兩人，八竿子打不著一點關係。

但是這場荒謬的暗戀，除了造就我被同事明虧暗損的各種笑料，也奠定了往後我在職場上一直秉持的吹毛求疵精神，從不放過每個細節，也從不對當前的頹勢感到畏懼或心生放棄。

最著名的笑料之一，就是有一次部門聚會，在酒酣耳熱之餘，問起每個人的夢想。我說最希望能將臺灣歐蕾的生意轉虧為盈（turn around），結果熟識我的同事們毫不留情的說：「妳應該是希望被那位德國總監 turn around 吧。」一霎時間各種翻來覆去的腦補情節出現在眾人腦海……真是不提也罷！

年紀漸長之後知道，事情總有兩面，這樣的精神在職場上是好的，可以逼迫你總是一次又一次的突破自我；但是在生活中，往往會造成身心某種程度的磨損，在之後的章節，我會提醒各位當心工作與生活在天秤兩端的平衡。且人生當中，很多時候不只這個秤子需要照顧，應該顧及三百六十度，各個面向的均衡。

職升機位有限，快速預定指南

- 找個值得暗戀（學習）的對象，因為暗戀會讓人想變得更好。
- 成功無法靠抄襲，但可以量身複製。
- 對企業來說，聘請我們是為了業績，並不是為了得奧斯卡最佳原創劇本獎。

05 有實力，才有選擇權

每個人在職涯當中，總有幾段凝結於當下，終生難以忘懷的畫面。對我而言，應當是那個風火雷電的週一早上，當我正埋頭苦幹寫著業績週報時，部門總監突然拍拍我的肩，回頭一看，他用下巴指向小會議室，示意有事相告，天機不宜外洩，必須關室密談。

他那閃爍的眼神、伸長的下巴、緊抿的雙唇，儼然大內密探的神祕模樣，令我不禁狐疑，是不是最近業績太差，本人終將面臨被辭退的命運？出乎意外的，他卻慎重其事的通知我，明天即將升官，從品牌副理晉升至品牌經理一職。

當下的我雖然心情非常激動，但不禁也暗暗埋怨，主管難道不能用一種比較盛大歡慶的方式告訴我嗎？人生當中第一次的升官，理當倍感殊榮，而今十幾年後在我的腦海裡，卻只剩下部門總監當時下巴傲揚的角度，以及鼻孔搧張的形狀。

剛當上主管，免不了大頭症

人家說「新官上任三把火」不是沒有道理的，那把火指的不僅僅是內心熊熊的野心之火，更確切的來說應該是一股「我要證明自己撐得起這個頭銜」之火，也可以說是「大頭症」。在明清時代的古典小說裡，就是進京趕考的書生，一朝成名天下知後，為了要證明自己撐得住烏紗帽的一種……頭部自發性腫脹症。

心火燒加上大頭症，可想而知剛剛開始帶人的我，對所帶領的團隊，要求非常的嚴格。由大到小，各種細微末節的事，從業績匯報、行銷計畫、市場分析到記者會的流程（run-down），無一不過問。

說是行銷「團隊」，其實就我當時負責的品牌業績而言，也僅僅負擔得起兩個品牌副理的人事成本。所以每天做為小主管的我，有事沒事，就是把品牌副理A叫來審查討論一下，再輪到品牌副理B叫來輔導一下，一心一意的想將我非常短淺的品牌管理經驗，編排成摩天如來神掌大法，再細細傳授。

我記得當時有一位從別的部門調來，在前部門表現十分優秀的同事，不曉得是不是因為行銷部門風水精妙，不是骨骼精奇、命盤帶煞的人難以存活？在看慣了本部門的做事方式後，總覺得她的腳踏實地（謹慎保守）、創意思維（趨近沒有）、專案進度（遲滯不前），在在讓我懷疑，這真的是我之前在跨部門會議中見識過的人才嗎？

經過在多次闢室密談，直拳反饋之後，每每她都露出深思熟慮的神情，對著我點頭。我以為那表示她正在反思如何蛻變，不久之後她就會轉化成用行銷人的方式思考，用行銷人的思維跟速度做事。

至於所謂「行銷人」，指的是什麼樣的情狀，大概就是和我當時一樣——一到公司就像灌過數杯咖啡加能量飲，劈哩啪啦的講電話、趕會議，要不就跟電腦過不去，打字打到每個鍵盤都要凹下去——那種暴躁的程度。對，行銷人個個都是既忙又趕的躁鬱症患者，因而我看不慣她那「游刃有餘」的優雅態度，彷彿活在另一個結界裡，對任何事都不太執著亦不甚緊張。我猜想這樣的不滿，應該也次次的在我跟她的談話當中，毫無保留的傳遞了過去。

某個無啥特別的早上，也是風火雷電的週一業績匯報之前，我又感受到了那個熟悉的「拍拍肩膀」的召喚，抬頭一看，是這位M小姐。她說：「Elsa，不好意思，我有些事情想***私下***跟妳談一下。」私下這兩個字在我心中響起了警鐘，必須加粗斜體處理。

「是這樣的，我一直在思考自己跟行銷部門的契合程度，也不太確定是不是適合繼續在這條路上發展……」話音至此，我心中揣度十有八九，她是要提出調回原部門的請求，不過這也是合理的調度，相應的人事安排應該也不難。

「除了職涯發展，我也考量到個人志向以及年齡限制，因此在這邊想正式跟妳提出辭呈……。」幸好當時我沒在喝咖啡，否則以我驚訝的程度，很可能一口噴到人家臉上。我嘴巴開開的看著她，驚訝的程度，不下於被告知其實她是外星人，而且當場表演左右眼瞼合起來給我看。

想不到，比外星人即興表演境界更高的是，她竟然隨後拿出了美國柏克萊大學MBA的入學申請表，根據上面的要求，是邀請我幫她寫推薦信函。這整件事的涵義大概有三個層面：第一，老娘行銷做不下去；第二，我不見得想待在這裡；第三，就在妳天天噹我，硬是要傳授我摩登如來神掌時，我也不是閒著沒事幹。我可是充分把握時間去考了一個研究生管理科入學考試（Graduate Management Admission Test，簡稱GMAT），成績還優秀到可以申請柏克萊！

這整件事情發展至此，不得不讓我想到一句古老的英文諺語：One's meat is another person's poison，中文是「甲之蜜糖，乙之砒霜」。在我看來營銷好像是公司的龍頭部門，而P＆G的營銷更是全世界趨之若鶩的絕世上位……但是事實上呢？也不過只是一份工作吧。

永遠留最多的選擇權給自己

在工作中無法成就自我的，可以從工作之外去找尋，這也是一種逆向思維。與其苦思：我要怎麼樣改進鞭策，換血換腦，才能配得上這份工作？不如捫心自問，這份工作適合我嗎？它能給我所需要的成長，不管是在職涯發展、人際關係還是自我投資上嗎？真正能逆風飛翔的人，擁有的除了不屈服與不輕易受挫的精神，還有跳脫框架的視野。

的確，**有才能與勇氣的人，不應該屈就於自己不喜歡也不適合的位置，不管這是不是別人眼中的金雞母**。後來我依自己工作觀察，為Ｍ寫了推薦信，除了肯定她在另一個部門時的專業，也讚賞她願意跳脫窠臼，框外思考的勇氣。

Ｍ順利的獲得柏克萊大學ＭＢＡ的入學資格，赴美就讀畢業後，在美國成家立業，現在開設一家財經顧問公司，在疫情的時刻，亦舉辦了多場大型的線上發表會，經營得有聲有色。而我們到現在依然是臉書上的朋友，雖不能說交心，但是交換「讚」是會的。

在Ｍ赴美多時的某一日，我與當時另一位團隊內的同事敘舊，提起了Ｍ的現況，這位同事很直白的對我說：「那時Ｍ天天都找我吃飯訴苦，說她不知道在妳手下工作是多麼心累！」我心想怎麼會？我如此的就事論事，和藹可親？事實證明，眾人的眼睛是雪亮的，而最盲目的永遠是自己。

多年後，當我回憶這件往事而心生愧疚，總會自我安慰，雖然曾經是個氣燄高張的難搞主管，但熬得過我這關的人，自然能好好的工作下去；就算是熬不下去的人，也會有充足的動力，尋找更精彩的出路。你看，受不了主管，乾脆來去讀柏克萊，豈不是很精彩的神轉折嗎？

往後帶人時，我也時常警惕自己。倒不是說「不要對部屬太嚴格，以免又有人去讀劍橋博士或拿麻省理工學院獎學金」，而是每個人都有自己的個性與長處，**身為好的主管應當要先觀察，再決定「適才適性」的方法**；再者，並不是每一個人都適合同一種工作崗位或工作方式，因此**一個團隊要能發揮最大的效能，「尊重多元，尊重專業」是非常關鍵的**。

M來自一個以數字為判斷基準的部門，擁有嚴謹的邏輯訓練，或許在行銷部門這樣需要快速反應、創意發揮的環境，她無法於短時間內轉化融入，但並不能抹煞她在整體企業中的價值。

M的柏克萊事件，還帶給我終身無窮受用的一點：**永遠要把最多的選擇權留在自己手上**。人生漫漫，難保哪天你不會碰上爛主管、糟同事，每天無趣的工作讓你生無可戀。你可以選擇抱怨，每天帶著負能量去上班，一直到無路可走的那一天，也可以選擇走在計畫A上時，從不放棄計畫BCDE的可能性。

將選擇權保留在自己手上，意味著順風順水時，也要保有憂患意識，無論是換職、休息、進修、跳槽，都有對應的啟動計畫與方案，人生的任性與餘裕不是靠累積財富換來的，而是靠超前思考、超前部署。

職升機位有限，快速預定指南

- 在工作中無法成就自我的，可以從工作之外去找尋。
- 有才能與勇氣的人，不應該屈就於自己不喜歡也不適合的位置。
- 身為好的主管應當要先觀察，再決定「適才適性」的方法。
- 永遠要把最多的選擇權留在自己手上。
- 超前思考、超前部署，能讓你擁有更多選擇權。

第三章
勇闖天涯賭一把

01 外派不是打工度假，回鄉未必升官發財

在外商混了一段時間之後，我開始覺得職場其實沒什麼選擇，尤其是在臺灣市場。一家公司能賺多少錢，就能請多少人，應當是大家都能理解的道理，但是當道理顯現在自己身上，鮮少人能看清現實，而不感到忿忿不平。

當年的我正年輕，就處於這種既不願看清現實，又不願另尋出路的憤青狀態。環視公司，時常不是覺得：「憑什麼這個人這麼老了還不動？」就是覺得：「為什麼升遷的機會這麼少？」

其實不論市場大小，企業中的階層總歸是金字塔型，差別只在於每個階層的幅度是否夠寬廣，讓大部分的人有上升的空間，就算體質不符需要淘汰，也只是少部分人。但不可否認的，在島國市場中，我們的業績成長空間有限，常常面臨需要被合併、減員的命運，才能保住母公司所要求的一定程度獲利率，從基層到管理層，存活人數自然大幅萎縮。

這也是為什麼，大部分的跨國企業員工，在第一次升遷過後，常常要等上五年、八年才能第二次升遷，除了僧多粥少之外，別忘了還有「國外的和尚會唸經」——外派人員爭奪本地工作，畢竟跨國企業，人才也是流動的。

記得每年和上級主管的績效與發展對談，我總是備感無奈，在短期目標與長期目標上，我雖然寫下了一個明確的職位，但何時能抵達那個職位，其實並不操之在我。

我的德國主管曾問我一個問題：「妳認為妳什麼時候能成為行銷部門總監？」我看著他，心想：「不就是等你回德國以後嗎？」這件事要問他自己、問幫他辦工作簽證的人員、問他太太和小孩、問他所有藉機來亞洲拜訪遊玩的歐洲朋友們，好像就是不能問我吧？雖然這樣的想法很偏激，但事實上就是如此，行銷部門總監只有一個，先不論我夠不夠格……他不離開，別人什麼時候能上位？

當時面談之後，我便下了決定，要將發球權重新搶回，若要等待外國主管離去才有空缺，不如換我外派到別的市場。心念一轉，我便在個人職涯期待一欄上，填進了其他市場（other market）這個選項，只是沒想到，一切運轉的這麼快，似乎我才剛和公司表明外派的意願，大陸市場馬上便有了一個空缺。一切就在幾個月之中，加速進行，從一月剛做完年度發展計畫，到三月確定職缺與意願，五月時，我人便在香港辦理各種移地工作的手續。

外派之前的那些早知道

除了和家人溝通，將兒子和母親一併帶到香港生活之外，入職後前三個月所面臨的挑戰，既瑣碎也巨大，簽證、租房、銀行開戶、手機、網路寬頻……全都得重新辦理，而且工作亦不能停下，這的確讓我一直處於焦頭爛額的窘況。我曾經不只一次問自己，這樣的決定是否自私？是否過於誇大自己的能力？這個外派任務，究竟能否成功？後來發現問太多次也未必有答案，不如就撐過一天是一天吧。

如果現在問我，是否後悔當年曾經爭取這份任務，我唯一會質疑的，就是和家人溝通的質量不夠，以及輕忽了在異地生活及工作的挑戰強度，極有可能輾壓過身心所能負荷的界線。

從我的經驗，決定外派之前，必須考慮以下幾個要素：

▣ 家庭溝通與支持：一定要離開臺灣才有工作嗎？

與家人溝通時，先別急著說服大家「這件事情對我職涯的重要性」，先以「目前預期，未來可能有變，但盡可能朝此規畫」的前提，把搬遷時程、生活方式、外派期長說明清楚。這是一種尊重，也較容易讓家人接受，雖然他們一定會想，這是為了你工作好，但別讓他們有種「只能接受或配合」的感覺。

當時，我的母親曾問我：「一定要離開臺灣才有工作嗎？」我應當是回了幾句類似「外商職場妳不懂」、「反正跟著我不會讓妳吃苦」，這種很沒EQ又沒耐心的話，導致我的母親曾經心情低落了一陣子。很久以後，她才告訴我，當時心情就好像是突然被抓去別的地方坐牢，也不知道何時才能放出來。

我非常震驚，原來這個決定，帶給她這麼大的恐慌與壓力，和我的初衷完全是違背的，全都是因為我沒有站在家人的立場，設想他們可能會面對的挑戰。這點我做錯了，而且非常自私。

▣ 異地生活的經濟條件：各種補貼都要留心計算

公司給你的薪資福利補貼加總，必須能夠讓你在新的城市，仍然享有跟國內差不多的生活水平。比方說，若你本來住在臺北，外派到日本東京，那它的生活成本調整補貼，就必須能讓你在東京的食、住、行都有和在臺北生活差不多的水準。

假設你在臺北，僅是過著搭捷運上下班，三餐吃美而美、喝珍奶、鬍鬚張魯肉飯……這樣樸實無華且枯燥的生活，但同樣的生活方式在東京，肯定高上兩到三倍。換言之，公司要補貼你「去到日本也能住在東京，搭電車上下班，三餐吃便利商店或吉野家」中間的成本差距。

所以公司給你的理想外派薪資福利補貼加總，應當包含（部分）房租、交通費、生活費加給、簽證及（一次性或來回）搬家費用，還有別忘記考慮（一次性）來回機票。早年的外派待遇極好，可能還有一年幾張來回機票，現在因為外派變成常態，或跨國企業傾向將人才在地化，視作當地員工處理，故通常只給付一次來回機票，就是你來上任的那次，以及收包袱回家的那次。

這樣的補貼可能反應在基本薪資上，那就要考慮扣稅後的影響，還有公司會用哪裡的成本中心支付給你，這牽扯到當地的稅法、幣值、以及轉匯至臺灣的手續費用／程序。

無論是怎麼樣的算法或待遇，都是要特別留心計算的，因為說實在話，雖然外派是難得在職場突破的機會，但沒有理由危及你現今的經濟條件，或讓你賠錢工作吧？建議在考慮外派機會時，先將這點和公司談清楚，若感覺委屈，寧可放棄。畢竟要換新環境工作和生活，心中會有很多不安定，若又失去經濟上的安全感，整個人真的會陷入焦慮的泥沼中。

▣ 減少工作內容的變動：挑戰極限，但從不自不量力

雖然外派的目的是追求工作上的挑戰，但綜覽而言，一次外派，人生就增

加了一個居住地的變數，若是和家人分離，又增加了一個維繫家庭的變數，此時工作上最好不要再有太多的變動——公司、市場、品類、品牌上，變動越少越好。

比方說，我第一次外派至廣州時，仍在P＆G這家公司，仍然在護膚品這個品類，負責歐蕾這個品牌，變數只在於市場從臺灣擴張到大中華地區，而工作內容則是從後端市場產品營銷，移到前端的品牌研發與策略發展，不算翻天覆地的改變。這讓我在面對人生中一擁而上的變動，有了比較安穩的心情，起碼有一件事不是太陌生的。

但當我幾年之後，第二次出走至上海，情況就完全不一樣了。我換了一家新的公司，跨入新的領域（消費品到製藥），負責完全沒接觸過的品類和品牌，不過還好那時，由於有第一次外派跌倒的經驗，讓我再度面對同樣的挑戰時，在家庭支持和經濟條件上，處理得比較圓熟，沒有後顧之憂，得以全心應付工作上的挑戰。

外派很可能是一張單程車票

回到一開始想爭取外派的目的——升不上去的話我只好出走——雖然非常實際，但悠悠多年過去後反思，這樣的初衷是有點幼稚的。

首先，**不能將外派當作「回鄉升官發財」的必要條件或快速通關之道**，這樣會加重你患得患失的焦慮感，也會失去享受難得工作體驗的機會。有很多時候，企業送你出去，並不一定有位子讓你回來；也有很多人一旦出去了，就在那個市場一直混下去，無法返鄉的狀況也有。畢竟你現在的舞臺在別處，人脈和能見度也在別處，眼不見就不在意，本來的市場不一定還記得你。若在你的規畫之中，還是希望未來有機會回到臺灣，外派時別忘記和原公司的長官和同事們保持聯繫，並表達這樣的意願。

外派工作的好處僅在於個人的成長：眼界更寬、負責市場更大／複雜、企業能見度更高。可支配所得上，很難因為外派而得到什麼「實質性」的成長，除非在新的工作崗位上表現優秀，公司願意為你加薪，否則通常「平行輸出」下，僅能享受差不多的經濟條件，還得謹慎減少不必要的花費（購置過多家具、不小心吃太多次大餐、買了無法在臺灣使用的家電）。

此外，有可能是我個人經驗或偏見，或許也有人面對同樣狀況，能處理的比我更好，但我強烈建議，**在單身未婚未育時，爭取第一次外派的機會**。

在沒有家累，僅有戀愛關係時，就算分隔兩地，一切都極好處理，拜即時通訊軟體發達之賜，現今遠距通訊太方便，況且單身時雙方都忙碌，就算都在臺灣工作，也不一定每天見面。維繫感情，有質量的溝通時間，比頻繁的見面重要。更何況如果外派機會在香港或是中國大陸（疫情結束之後），每個月，甚至雙週見面，都不是不可能的事。當然相見的成本是有的（機票、時間），但若把它當成異地約會，也是一種浪漫。

有了婚姻和小孩後，要考慮的事就太多了。一個家庭的確不適合長期分隔兩地，孩子對新環境的適應、照顧及教育系統全都要納入考量。我常聽一次搬去一家子的同事說，新工作還沒上任，就滿頭白髮，轉眼就想回家退休了⋯⋯雖然有些誇張，但舉家搬遷，勞心勞力的程度，的確比起單身赴任高太多。

職升機位有限，快速預定指南

- 外派不是「打工度假」，光靠夢想不夠。
- 接受外派工作前要衡量的要素：家庭溝通與支持、異地生活的經濟條件、工作內容的變動。
- 別將外派當作「回鄉升官發財」的必要條件，或快速通關之道。
- 外派工作的好處主要在於個人的成長，在可支配所得上，很難有「實質性」的成長。
- 盡量在單身未婚未育時，爭取第一次外派的機會。

02 一人追薪圓夢，全家辛酸淚

二〇〇八年至二〇〇九年，是我外商人生中最難忘的兩年，不僅僅是因為第一次外派中國，也因為恰好碰上金融海嘯，使得我的差旅人生，不僅動盪窮迫，更可以說有點悽慘。

在臺灣P&G時，因為前篇暗戀主管的助力，加上團隊成員都很優秀，具有不屈不撓，生意再差、業務臉色再難看都不放棄的鋼鐵臉皮與決心，品牌的生意不但翻轉，還呈倍數成長，臺灣主導的廣告活動也成為兩岸三地的共同主打，這在較小的市場中，是極難得的經驗。也因為這些績效，我得到了外派中國總部廣州，負責大中華區歐蕾品牌規畫的機會。

原本派駐至廣州，應該就要住在廣州，當時外派廣州的同事，也不約而同選擇離公司近的高級住宅區，圖上下班方便；而且因為在新開發的規畫區域，住宅的品質並沒有大多數人埋怨的那樣「金玉其外，敗絮其中」，還算是不錯。無奈個人情況特殊，當時的廣州正值各項工程建設大展時期，空汙嚴重，而我的大兒子自小氣管非常敏感，居住在廣州難保不會每天咳出肺來……於是我就做出了最辛苦，也是最離奇的決定：住在香港，通勤至廣州上班。

每天五小時的通勤人生

我選擇住在離香港紅磡車站最近的黃埔住宅區，每天早上搭第一班六點二十分的廣九直通列車（KTT）抵達廣州東站，兩個小時的車程，加上排隊通關（香港到廣州需要以臺胞證入關）視當日人潮，大約再十五至二十分。由於公司就在廣州東站的出口，所以通常我可以在九點之前坐在自己的辦公桌前，還能享受一下星巴克或麥當勞早餐，好整以暇的等待其他同事到來。

在我們部門，同事能在九點以前出現在公司是挺稀奇的，有時要等到十點多才會陸續有人出現。所以其他部門的同事，看我每天都是最早坐在位子上，卻不住在廣州，而是住在香港，聽到時下巴都要掉到地上，還連問三次：「香港？香港？香港？」

到達辦公室的時間能由我決定，我只要確保自己五點半之前起床盥洗就好，但是下班回家的時間，卻常常超乎我能控制的範圍。如果早點知道將會有一連兩天到三天的重要會議，我會提前預訂酒店，但是很多時候，因為和廣告公司開會，和國外連線，或是老闆一時興起想找團隊喝酒聊天……各種的突發狀況，我便不得不錯過最後一班回香港的車（晚間八點半），這時候就會面臨要臨時找酒店的窘境。

當時的金融海嘯，直接影響的並不是品牌預算，畢竟該投資的電視廣告、通路陳列、促銷活動還是不可少，否則將直接影響銷量。而在P＆L（Profit & Loss 損益表）之下，能夠釜底抽薪的，大概就是人事跟差旅預算。雖然在金融海嘯危機中後期，慢慢的有無薪假或小規模員工資遣的悲劇傳出，但身為家用品龍頭的P＆G，是絕對不會開出這示弱的第一炮的，所以即便我很幸運的在金融危機之下，仍然能以外派人員的待遇苟延殘喘在公司內，但是差旅費的腰斬勢必不可少——甚至不是腰斬，是從腳踝斬下，腳踝以上全部丟棄。

我整年只剩非常稀少，不到人民幣五萬元（按：約新臺幣二十二萬元，人民幣與新臺幣的匯率約一比四．四元）的差旅費，這當中不僅包括在廣州過夜的費用，也包含出差去大陸其他省分做市場調查的機票、食宿等費用，所以扣一扣除一除，我大概知道在廣州過夜的旅館費，如果超過人民幣兩百元一晚，那麼下次出差去北京我就得捨飛機坐動車（大陸的高鐵）了，時間花費也不是太久，大概是十個小時吧（單程）。

人民幣兩百元一晚的住宿費，真是傷透了我的腦筋。公司就在廣州東站的出口，車站旁有一家建國酒店，目測大約是三星半級，一晚人民幣五百五十元。對面稍遠處有一家非常奇怪的比佛利大酒店，金色的大拱門，華麗的紅地毯樓梯，走進去卻是一股撲鼻的霉味，而且外觀非常像臺灣的三溫暖理容院……我也去問了住宿價格，一晚人民幣三百八十元。好吧，那就再走遠一點，大約離公司步行八百公尺的地方，出現一家威斯汀酒店，一看外觀，就覺得不用問了，人民幣八百元起跳吧，光睡在酒店的大廳，搞不好就要付人民幣兩百元。

壓垮情緒只需一根稻草

人家說踏破鐵鞋無覓處，我則是踏破高跟鞋，公司方圓兩公里內都走了一圈，最後竟然在原點——廣州東站，火車站內，發現了一家酒店！

到今天我都還記得那家酒店，門面簡陋，極像廢棄的旅客服務中心，有著詭異昏黃的大廳、忽明忽暗的招牌、分不清楚是飯店服務生，還是葬儀社執事的櫃臺人員。那家酒店叫「廣州山水酒店」，門口清楚的標示：一晚人民幣一百六十八元。

當我拖著行李、腫脹的雙腳和疲累的身軀，終於拿到房卡時，我心想：不管是什麼樣的房間，一定躺著就能睡！但一推開房門，整個人就呆住了。先不論屋內飄出濃濃的，夾雜油煙與霉味的毀滅性氣味，也不管牆上垂落捲曲的壁紙、浴室內的菌斑，光是白色床單上（嚴格來說也不能說是白色，是一種漸層的米黃色）一條寬約十公分的黑色輪印，就夠讓我崩潰了。

我就這樣敞著房門，行李擱在門口，呆呆的盯著那道輪印，百思不得其解：究竟是誰曾經住過這間房間，難道是越野賽車手（那車停哪？），還是哪位旅客這麼幽默，直接騎著機車上床？

沒想到，可以忍受每天花五小時通勤，一週五天都在出差，人稱「臺灣水牛」的我，壓垮情緒的那一根稻草，竟然是這一條印在發黃床單上，異味和來歷皆不明的神祕輪印。可能是當日過度疲累，以及長久以來積累的顛沛流離感，我當下便崩潰了。拋下行李和房卡，房門也沒關，跑到樓下大廳，卻連張能坐的沙發也沒有，只好走到車站當中，找了個座椅，嗚咽的哭了起來。

也不知道自己哭了多久，穿著襯衫、窄裙跟高跟鞋的我，臉上妝大概全部花了，在旁人看起來，大概很像剛剛失業的房仲，或是被捲款潛逃的銀行行員吧？這時，突然有人拍拍我的肩，遞過來的不是手帕，而是一罐青島啤酒。

抬頭一看，其實是一張令我有點恐懼的臉，黝黑清瘦、雙頰凹陷、理著平頭、穿著工人服裝、胸口用藍線繡著他的工號……我推測是車站裡負責修繕的，或者是外頭車道鋪路的，總之是某處的工人，因為當時的廣州，像是一隻蓬勃生長的巨獸，每個地方，都在不分晝夜的施工。我還來不及開口，他倒先問我：「小姑娘，妳也回不了家？」

雖然在車站當中，隨便拿啤酒給不認識的人喝的人，一定很奇怪，但話說回來，三更半夜，穿著套裝在車站裡痛哭的人，難道就不奇怪？我們就這樣，靠著一罐啤酒聊了起來，欲罷不能，最後大約喝了一手（按：六罐）之多。

他告訴我，他在車站裡做鐵道修繕的工作，最近又要多開幾條動車線路，年底之前要趕工完成，幾乎都不能睡。他結婚了，四十幾歲（外貌看起來像五十幾歲），老婆、小孩、媽媽都在東北的石家莊，一年僅能在春節回去一次，也就是兩個月後……如果趕工順利的話。

我告訴他，我在一家外企當中工作，負責「玉蘭油」（歐蕾在中國的品牌名稱）的品牌營銷，他大聲讚嘆：「哇，玉蘭油，大牌子啊！」（在當時，玉蘭油的名氣要比 **SK-II** 大多了）我還告訴他，我在這工作，但幾乎每天都在車站等車回香港，我的媽媽和兒子住在那，但我的家在隔著一條海峽外的臺灣。

他說：「哇，那妳比我辛苦多了，我攢夠了錢，一年擠十幾個小時客運回去一次就行，妳為了攢錢，每天得坐四個多小時的車啊！」

為了那資歷，沒了這人生

這位好心的民工（後來道別時得知他名叫張蛟），教了我一件事：再怎樣光鮮亮麗的職稱，或碩大無朋的公司，我們終究是在企業中工作的打工仔，領著薪水，做著別人交代我們的事，不太確定自己對人類具體貢獻何在，只想著做到業績，準時下班，順利回到家人身邊。穿著白領套裝，成天列車或飛機上做簡報的我，與穿著藍領工裝，成天在車站中做工的張蛟，在掙錢養家的本質上有什麼差別呢？

工作原本就是換取理想生活的一種手段，一種籌碼，實在不需要過度將它浪漫化。也不應該本末倒置，為了一個職稱頭銜，一項履歷表上的行目，過著顛沛流離的生活。一年三百六十五天，大概有兩百天張開眼都在酒店醒來，這難道是我想要過一輩子的生活？這是人人稱羨的外派金途，還是地獄人生呢？

一手啤酒之後，我和張蛟道別。他最後一句話應該是：「好好睡一覺，起來什麼事都沒了。」之類的吧？當天我的確順利的倒頭就睡，床上那道神祕的車輪印也不管了，翻過去不看就好。喔，還有，張蛟不住這酒店，他們有工人宿舍，據說比這酒店好：「有汗味，沒霉味！」

之後每次和朋友說起這事，大家都會斥責我：「廣州耶，車站耶，不知道好人壞人耶，妳還敢喝人家給妳的啤酒？」今日回想，的確會覺得是滿冒險的一件事，但在當時，接受那一罐青島啤酒，就像接受一條遞過來的手帕一般理所當然。

這樣奔波的水牛人生，再痛苦，我還是撐了接近一年，沒辦法，當時的我實在太硬頸、太自以為是了。直到二〇一〇年，金融海嘯差不多告一段落，差旅費也終於調回正常的、非虐待的水平後，我卻選擇了返回臺灣，而那又是另一段故事。我只知道，若不是張蛟，最後半年我不會在山水酒店中住的甘之如飴，對「外派人生」是怎麼一回事，也不會提早看得透澈。

有了這點認知，我開始能盡量的把工作跟生活分開，不再過分的付出，**因為再怎麼努力和野心噴發，我都在為他人賺錢，永遠沒辦法擁有這家公司**，一切努力也不過是在養家糊口之外，為他人作嫁罷了。

職升機位有限，快速預定指南

- 大家都是打工人，你我都在其中。
- 工作是換取理想生活的一種手段，不需過度將它浪漫化。
- 盡量將工作和生活分開，工作再怎麼忙，還是要懂得怎麼生活。
- 不管再怎麼樣努力，你都是在為他人賺錢，永遠沒辦法擁有這家公司。

03 離職停損點的斷捨離

人生第一次獲得外派機會，我便帶著高齡老母和稚齡兒子一塊前往，住在人生地不熟的香港。我選擇住在九龍，離紅磡車站近的地方，方便能每天通車到廣州上班。雖然從小在電視港劇中看過很多次，出差時也常前往，但要實際住下來，還是一個非常大的挑戰。

在移地勘查時，我便驚詫於香港居大不易，房租高昂的程度令人難以想像，同樣大小坪數，差不多蛋黃／蛋白交界區的房子，香港的房租可以硬生生高出臺灣五倍，差不多就是當時幣值的比數（按：當時港幣與新臺幣的匯率為一比五元）。

教育費用更不用說了，若要上除了廣東話之外，還講普通話、英語的學校，大概只能選擇國際學校……學費昂貴不說，入學還必須準備幼兒及家長的雙面試，相當勞師動眾。

在現今臺灣，一些私立或實驗學校可能也會採取這樣的方式，目的是看家長的教育觀和小孩的性情，能不能適應學校的教育理念，但在當時，我和孩子連廣東話都不會說，真不知道該如何準備，只能硬著頭皮做了幾張簡報，上頭羅列兒子平日最喜歡的卡通人物，和我們在臺灣週末的休閒生活。

P&G對於外派員工算得上相當優遇，有專業的仲介帶我看房子、幫我處理找房、找學校等事，也有專業的公司幫我辦妥家人的簽證。比較麻煩的是，只有我本人能拿到工作簽證，可於兩年內駐留香港，我的兒子也能依親，跟著我拿一樣的居留簽證。但依親只限子女，不包括我的母親，她當時只能拿旅遊簽證，也就是每兩週必須出境香港一次。

母親自我幼時到大，一直是家庭主婦，雖不能說大門不出二門不邁，但家的確是她過了一輩子的地方。若不是為了幫我照料兒子，她是絕不可能搬離臺北，遠離她熟悉的市場與朋友，到一個連話都說不通的地方。更遑論每兩週，她就必須獨自搭著港鐵，離開香港到深圳羅湖一趟，就為了一個出境章。

當時她答應要跟我一起去香港時，親朋好友無不驚訝，雖深知她不愛離家，鮮少遠行的生活型態，但也都支持她：「為了女兒的事業，就當度假吧。」我答應她，會把食衣住行安排妥當，讓她在我出差時，沒有後顧之憂。同時我也天真的相信，自己不但能給家人最好的生活品質，假日也能帶她和孩子出門走走，這也算是一種孝親的方式。

跨海移工、電視母親、電玩兒童

到了香港，一切都安頓好之後，我便開始正式工作了。由於工作的地點在廣州，等同我每天都要從香港到廣州上班，來回大約五個小時的通勤時間，我只能盡量安排會議早點結束，讓我能夠趕火車回香港的家，陪伴他們。

但往往當我風塵僕僕的到家時，兒子早已熟睡，僅剩母親一人坐在電視前面，看著聽不懂的港劇殺時間，可能電視看太久，略顯疲憊和呆滯的她，也和我說不到兩句話便去睡了。有時因為當週的工作行程太滿，必須滯留廣州三、四天才能回香港，等我回到家，迎接兒子熱情的擁抱時，看見母親鬆一口氣的神情，常常有股深刻的感覺：「他們一定非常寂寞。」

只要是假日，我便會想盡辦法帶母親和兒子出去玩，去遍了香港的景點，中環、大嶼山、維多利亞港夜景，或者是各式各樣的購物中心。在我們居住地附近——黃埔新天地，也有很多可逛的超市、購物中心（outlet）、商場。當時我滿心以為母親會覺得來到香港就是觀光度假，還能跟孫子、女兒一起生活，是很開心的體驗。

某個週五，我終於開完最後一個會，搭上從廣州回香港最晚的一班車，只為了實現原本的計畫，週末帶他們去海洋公園玩。想不到等我到家，已經快十點多，見母親一個人坐在餐廳皺眉，電視也未開，跟我說，她明天不想出門，哪都不想去，我帶兒子出門就好，讓她一人在家靜一靜。

我有點氣急敗壞，畢竟死趕活趕搭上最後一班車，舟車勞頓的回家，就是為了這趟行程，否則我可以在廣州過一夜，再搭明早第一班車回家即可。當時口氣應當是極度不好，問了母親：「為什麼不去？」

母親原本一向是藏不住話的人，心裡放不了多少事，一有不開心便滔滔不絕的爆炸，根本不用擔心她有所保留，但是她當晚所言，卻是我們到香港好一段時間之後，才第一次告訴我。

原來她每天送兒子坐車去幼兒園之後，便會去傳統市場買菜，但因為她不會講粵語，而廣東話在「不識聽也不識講」的人耳中，常常有種罵人的感覺，所以她每天去買菜，都覺得菜販或肉販在罵她，也常常跟人家吵架（只是我迄今還是不懂，一個用廣東話，一個用臺語，如何能吵得起來）。

母親並不會因為跟人吵架就不去買菜，相反的她堅持天天買菜，只買當天的菜，因為這樣才新鮮。每天吵完架回來之後，她就開始打掃家裡，洗衣晒衣，但香港的房子很小，一下子就沒事做了，只能打電話回臺灣和親朋好友聊天，但她又怕長途電話費貴，當時也還沒有智慧型手機，講個幾句便匆匆掛斷，未能盡興。

之後她花最多時間做的事，就是在電視機前打瞌睡，只有一臺「東方明珠臺」播著臺灣新聞，她便將頻道一直固定在那臺。時間晃晃悠悠，到了下午四點，接孫子回來之後，便開始煮飯、收碗、洗碗，趕孫子洗澡上床睡覺，到了晚上九點，又打開東方明珠臺，等我回家。

在我想像中，住在這麼方便的臨海社區，附近又有各種複合式商場，母親應該能利用兒子上學的空檔，到明亮的現代超市購物，再找家臨海咖啡廳喝杯咖啡，或者到社區健身房運動、海濱步道散步，甚至也能持著我幫她辦理儲值的八達通卡到處遊玩，這些之前我都帶她走過，也導覽過附近設施，但她怎麼能就是不出門，待在家中呢？

母親回我：「人生地不熟，話也聽不懂，出門就是花錢，看妳賺錢這麼辛苦，我捨不得花。」

那時我聽懂了箇中的一半，另一半是我稍晚自己領悟的——母親固然是希望省錢，但另一方面，她已經守在家中近大半輩子，追尋新的體驗已經不在她的生活指南當中。將她從熟悉的臺北的家搬來香港，就像將一株植物移到完全不同的氣候帶，就算再肥沃的土壤，再好的環境，每天都是一種生存的考驗。

後來，我找了在香港的臺灣同事，要了安裝「小耳朵」的聯絡資訊，讓母親可以盡情的觀看臺灣的電視節目，雖然不到一百多臺，但她愛看的新聞臺和戲劇臺都有，讓她十分開心。

我也去買了一臺筆電，設定好通訊軟體（Skype），當我不在家時，母親也能和臺灣親友通話。不過因母親不會用滑鼠，我只能請臺灣的親友固定時間打來，母親只需要按接聽鍵即可，算是暫時解決了無人可聊天的困境。

因為母親根本不會操作電腦，那臺筆電後來成為我兒子的玩具，他會在上頭玩一些簡單的水族館養魚遊戲，看著水族館裡各種魚類悠游，十分入迷。有時我回到住處，打開門，看見餐桌上為我留的飯菜、坐在客廳守著電視的母親、坐在房間守著水族箱電玩的兒子，心中除了湧起一陣溫暖之外，也不禁疑惑，自己是不是將他們「豢養」在這，活在虛擬的空間，每天的期盼就是我的歸來？這樣的人生，到底是為我好，還是為他們好？

我和母親，已經多年不曾同住。成長過程當中，我們本來就常有爭執，兩個都屬於剛烈性格的人，這次在一起生活，加上各種異地適應的挑戰，摩擦更是不斷。有一次，依舊是風塵僕僕的回到家後，發現桌上沒有飯菜，我直覺反應是母親和兒子將晚餐吃完了，沒留給我，也沒啥大礙，自己再去便利商店買些熟食吃便行。隨口問了母親，她說：「沒錢買菜，今晚兩人吃泡麵。」

每次出差，我都會記得留足夠的港幣給母親，之所以沒給她金融卡，是因為她擔心弄丟，而且附近最近的ＡＴＭ也要走一段路，嫌麻煩，因此要求我留下現金（但她也要求不要太多，就一週的買菜錢就好，她怕搞丟）。我也怕萬一在廣州有什麼事耽擱，無法及時回家，因此通常留下的現金是夠用兩週的生活費，以防他們兩人有急用。當下僅以簡單的邏輯推算，在腦海中也未過濾，便直接脫口而出：「錢怎麼用得這麼快？」

母親便生氣了，雖然對我而言是順口一問，在她聽來卻十分刺耳，好像在指責她亂花錢，還是偷藏私房錢，而且事後我回想，當她發現身邊錢不夠買菜，只能讓孫子吃泡麵時，一定十分驚慌，萬一女兒今晚不能及時回家，就要斷糧了，應該也後悔沒要我留下金融卡。

當晚母親大發脾氣，收拾衣物，嚷嚷著要回臺灣，我也又累又氣，告訴她，妳要回去就回去，我再請一個菲傭就好。她又聽成，我將她跟菲傭一起比較，火氣更大。我出門冷靜，順道去ＡＴＭ領錢，回家後遞給她一疊港幣，她將港幣往地上一甩，說了一些意氣用事的狠話……總之那個晚上，我們家孋美現今八點檔連續劇的任一場景。

我忘記後來這件爭執怎麼收場的，日子還是繼續的過，母親沒有搬回臺灣，我也沒找菲傭，但是面對這種操勞漂泊的生活，我的身心開始疲憊，也因為三餐不定時，時常處於奔波高壓的狀態，越來越瘦，時常要去買新衣服。我的生活就在週間出差，週末購物中度過，不知不覺快要一年。

這一年來，我總覺得我們三人，一位是跨海移工，一位是電視母親，一位是電玩兒童，就這樣一起度過了人生中既奇妙，又難忘，而且相依為命的一段異地生活。

人生不能只有工作，冒險該結束了

直到一次事件，我才認真的考慮辭去這個職務，搬回臺灣。

當天我照日常慣例，搭上早上六點的火車，八點五十分準時到達廣州東站，熟練的選到最短的一條隊伍通關，九點便到達辦公室。才跟同事打完招呼坐下，連筆電都還沒拿出來，就接到兒子幼兒園導師的電話，大意是說小孩在學校出了意外，現在正在開往醫院的救護車上，導師通知了小孩的「婆婆」，但她也不知道怎麼去醫院，所以打給我，問我能不能盡快過去。

我應當是太過震驚了，或者是電話另一頭老師的普通話說得太爛，竟是怎麼聽都無法聽明白，大概只聽到「救護車」三個字，就開始急得不得了，眼淚大把大把的掉，我還將手機拿給當時的香港主管，請他幫我跟老師溝通，看到底是怎麼一回事。

主管掛上電話後，拍拍我的肩膀對我說明，沒有什麼大礙，小孩在學校的意外是「被蜜蜂螫了」，幼兒園的保健室已經粗略消毒傷口，但擔心會有過敏反應，所以送醫院的急診觀察。他說，老師問我，小孩有沒有被昆蟲螫咬而過敏的先例，我當場大爆發：「我不知道！他只有被蚊子叮過，從來沒被蜜蜂螫過啊！」

於是那天，我火速拖著原封不動的筆電包和行李箱，搶搭下一班火車回到香港，去醫院接我的兒子，一個早上之內，我已經穿梭香港與廣州兩次。

經院方留置觀察，無甚大礙，醫生僅開給我們一些外用藥膏，囑咐回家後要注意的反應，便讓我們出院。母親早已急瘋，見到我劈頭就罵，原來她打了幾十通我的手機，都沒應答，而幼兒園的老師也沒和她溝通清楚，讓她在家擔心了一整天，各種壞念頭都來了。

我既疲累又氣餒，面對淚眼紅腫的兒子，還有氣急攻心的老母，而原本今天該進公司開的會全都沒開，我覺得我辜負了所有人，什麼事都做不好，但我明明已經盡了所有力量了啊。將兒子哄睡，母親也累得沉沉睡去之後，我坐在面對海景的客廳，望著維多利亞港上錯落的船燈與沿岸高樓霓光，心裡默默下了一個決定，這趟大冒險，是時候畫下句點了。

我提出辭呈後，公司立刻挽留，經我道歉，高估自己處理公事與家事的能力，也詳盡解釋當前的身心狀況，公司給了我一個月的留職停薪假。

在這一個月當中，我除了充足的休息與陪伴家人，也邀請我的父親和妹妹來香港，一家人擠在不到二十坪的小公寓裡（雖然應當也已是香港的小豪宅），過著難得的溫馨時光。母親得以向父親炫耀，她在這附近「混得多好」，市場的肉販、菜販，吵一吵都變成她的朋友，每天雞同鴨講，卻都知道這個「臺灣的婆婆」來買的時候，一定會要求五花肉不要太肥，買菜要多送蔥薑蒜。

父親對母親能如此「開疆闢土」也大大稱奇。我們一家人過著有點像移民家庭的奮鬥生活：每天各自出門探索，回到家後，再吃母親煮的一桌菜，邊吃邊分享今日新的生活體驗，和新開發的漫行路線。

我也規畫了一次小小的澳門之行，帶著全家人，由我的妹妹規畫食事，我規畫住宿，父親和母親則負責開眼界，享受和女兒、孫子一起遊樂的經驗。說來有趣，一直到這個月、這次相聚、這趟旅行，我才真正覺得外派廣州是一件難得的經驗，也才真正得到帶給家人歡樂幸福的滿足感。原來，不管事業多麼飛黃騰達，如果無法花時間陪伴家人，自己也不會打從心裡覺得開心的。

在那一個月留職停薪之後，我還是執意向公司辭職。原因無他，僅僅想要減緩一下自己的工作強度，看看不一樣的人生光景。如今想來，當時只是職涯中的第一次「小型反叛」，而在那之後的我，還有多次「中年叛逆」的舉動，皆帶我走上意想不到的人生道路。揮手向這間藍色行銷聖堂道別後，我回到臺灣，繼續迎向下一家公司給我的挑戰。

職升機位有限，快速預定指南

- 家人最需要的是陪伴，別把自己全給了工作。
- 別讓工作拖垮你的身心，只有常保健康安樂，才有家業可談。
- 每個職涯的抉擇，都該設定停損點，一旦超出，接受挫折，轉身放下。

第四章

升職加「辛」無朋友？——做好職場三明治

01 別急著「做自己」，先觀察人

因為外派生活奔波而身心不堪負荷的我，離開我人生最鍾愛的行銷聖堂——藍色城堡之後，返回臺灣。雖然當時公司為了挽留，也盡力的提供臺灣的職缺選擇，但硬耳又風象星座的我，終究熬不過七年之癢，決心衝出外界闖闖。而因為我在護膚市場的經驗和亮眼的品牌業績表現，返臺不到一個月，便順利被一家知名歐商化妝品錄用了。

但，必須承認，剛入職的頭幾個月，我曾經非常困擾。當時我初來乍到，還正在不停認識人的階段，這又是一家很大的，有很多女生，每個人氣質都差不多的公司。

困擾我的既不是各種品牌的發音或唸法，也不是那一季內一旦上市就要處理數百種單項商品的口紅，亦不是業績滯尾巡櫃時，櫃姐手撐住雙頰，透露出厭世之味的光景。

而是我的同事們經常會這裡一點，那裡一點，微微變動的臉龐。這樣的改變，每每使我變成一個眼力不佳，或是粗心狂妄的人……怎麼上次人家才介紹過自己是琳達、布蘭達、潔西卡，這一次見面卻連她是哪個品牌、哪個部門都記不得。在不停頷首道歉「不好意思一時沒認出妳來」大概不下十次之後，有一天中午我終於發現了原因。

認臉的能力和認識對方的誠意一樣重要

那是在一臺徐徐直上，通往五十樓的電梯中，僅剩我和一名戴著深黑色墨鏡與口罩的時裝女子，我之所以確信她不是以匿名證人，或被害者身分來參與某種抗議活動，而是我們公司的某個同事，來自三個線索：第一，她身上氣場超強的香水；第二，她腳下高到恨天的鞋跟；第三，她臂上掛著那昂貴又怕人不識，Logo 印的整面都是的名牌包。但問題來了：她到底是誰？

幸好不用我多勞，她倏地摘下墨鏡，直視著我的那雙眼，眼線精細勾勒，眼影塗暈多層，雙眼上還躺著兩隻濃密的黑色毛毛蟲。

「早！是我啦！」見我呆滯沒有反應，她迅速而不耐的摘下口罩：「我啦！莎拉啊！」

我只見到一張臉龐，眼睛美得懾人、鼻形熟識、臉型鵝蛋，但是雙唇卻誇張的腫脹著，彷彿和《功夫》裡面的星爺一樣被蛇咬到。視覺效果震撼之餘，也讓我想到兩片完整的博多明太子。

因為實在一時間不知如何反應，我竟然口吃了起來：「妳……妳是？」

「What the FxxK? Of course it's me!」聽到這熟悉的咒罵以及高亢的聲線，我死去且打結的腦袋，瞬間通電而活了過來，對了，就是坐在我門外那個，常常一邊掛電話，一邊將髒話飆得全辦公室都聽得到的那個女生。

「莎拉……早……妳的嘴唇是過敏嗎？」才問出口，我馬上覺得自己很沒有禮貌，說不定人家真的被蛇咬到。

「哈！哪有過敏，去做了一點豐唇啦！」她毫不在意的大笑，對著電梯中的鏡子，撥了一下瀏海。「昨晚剛做完，今天比較腫，大概三、四天會消成最後想要的樣子。」她停頓了一下，帶點不確定的語氣：「醫生是這麼說的。」

豐脣這兩個字，在當時我的字典裡是沒有的。但現在應該只是一件小事，「醫美」或「微整型」的風氣盛行，說「我下週要去醫美一趟」，講得跟「我想去染髮」或「我想去美甲」一樣的普通又輕鬆。當時，如果說到「整型」，腦海裡直接出現的就是拉皮、隆胸這種基礎建設工程的血淋淋畫面；或是不幸被毀容之後，拿身體的哪一部分移植變成臉皮這種例子。

可想而知當我聽到她去豐脣，只能滿頭霧水。以我有限的整容知識，我知道豐胸是以矽膠植入，視想要的罩杯，決定那個透明果凍狀的填充物是要壘球、棒球還是乒乓球的大小。那豐脣是要放什麼東西進去？

「不用放什麼進去好不好！」她被我逗得放聲哈哈大笑，嘴巴上下那兩片明太子隨著她開心的笑聲，一開一合的。「是用注射的，只要上下兩針玻尿酸，前後十分鐘不到啦！」

「為什麼要豐啊？」我想起莎拉的素顏，有一次會議開得早，她匆忙現身，眾人經過好一陣子，才發現她是沒化妝的莎拉。沒有眼妝時，才發現她有著標準東方細長型的單眼皮，配上鵝蛋臉，小小的鼻尖和嘴，其實是張清秀的面孔。我其實有點擔心這兩片明太子在那樣的臉上，會不會太搶戲⋯⋯。

「為什麼？我開心啊！」她回答的如此理所當然，徐徐將口罩戴回，墨鏡戴上，「我一直都很想要有安潔莉娜．裘莉（Angelina Jolie）那種豐唇，不是 Jolie，Jolin 也好。不然，每季我們公司新出的限量色口紅，怎麼擦怎麼不顯色，我唇線都往外描了一圈了！」

電梯到了，平時這臺電梯一向高速，高速到每隔三十秒我要吞一次口水來平衡耳壓，好像坐飛機一樣。但今天感覺特別的緩慢，時間充裕到讓我新學到一種整形技術——不是打掉重練，是就自己原本的，注入一些新的，然後變成另一個完全不同的樣子——其實就是 Photoshop 吧？我問自己。

門打開，莎拉踩著連天都恨她高的鞋跟，大步往前跨：「掰！這次週會輪我準備，先衝喔！」說完就像漫畫裡跑起來腿會變成輪子那樣，疾奔而去。我目隨她踏入辦公室時，忽然想通什麼，世界彷彿被重新打開般豁然明亮。

用特徵認人，用細節識人

原來，我其實不是一個失禮的臉盲，只是不知道世界上有微整型的存在，而人的臉有這麼多可以P的地方。

同事們常常過了個週末，就這裡大了一點，那裡小了一點，原本笑起來，臉頰會浮起的斑點不見了；和她雙目對視的時候，能看見的淚溝被填平了……有的時候還會表情緊繃，讀不出來任何情緒暗示，像是讀一本完全沒有線索的偵探小說。對初來乍到的我，總是覺得這不是上次那個人，但這是哪個人，也不能確定。

原來，要認出一個人，也不能只靠認臉，我應該從這個人的臉之外的地方，加強對她的認識。比方說，她的笑聲、她選擇的髒話、她常擦的香水，而那樣的記憶不僅可靠，也讓每個人在我心中都生動起來，更與眾不同了一點。

人們選擇靠臉來記憶別人，或是給予別人可記憶的印象，但其實我們更渴望的，會不會是有人能對自己內在，比外表更多的好奇呢？「我想聽你的故事，你在想什麼，你為什麼這麼想……」會是多麼感人的問候。不過當然，這些不是能在一臺高速上升的電梯中能被回答完的問題。

莎拉就這樣花不到三分鐘，開啟了我對這個世界的全新認知，也開啟我對認識一個人應該從哪裡開始的思考。

隔幾天再見到她時，明太子不見了，她的嘴唇恢復正常。幸好，並沒有和原來的櫻桃脣形差太多，可能稍微豐厚了一點，但不到 Angelina Jolie nor Jolin 的地步……其實很好看，很適合她，而且如她所言，口紅更顯色了。

我約她去喝咖啡，想認識更多一點除了臉以外的東西。「想跟我要醫生的電話？我也覺得妳需要。」她停了一下，端詳著我：「妳嘴唇偏薄，脣薄人刻薄，我們這個行業要讓人家一看到我們的臉，就覺得夠美、夠開心，馬上買單。」她得意洋洋的說：「下個月我要去注射鼻頭，我討厭自己鼻子太尖，想要有點像外國那種維納斯雕像的鼻子……。」

有些人除了外表所看到的之外，還有些東西是從外表看不出來的，但有些人就是表裡如一的。雖然當時咖啡沒約成，但是之後凡是碰見她，我總會請教幾句最新美容趨勢，長久下來，越來越能抓到和她交談的節奏。

嚴格來說，我們不能算是「談心」的朋友，但是我的「虛心向學」，總是能讓她在我的辦公室內駐留暢談，我也因此在極短的時間內，**獲得這家公司很多的「潛知識」、「潛文化」和「潛規則」，幫助我快速融入**。

也因為我們的對話焦點總是聚集在她的身上，她感覺和我談話非常愉快，終於有一天，對我說出了大實話。

「Elsa，我覺得妳不可能去整形的，這道理跟妳不可能待在這家公司太久一樣。但是，我感覺我們非常談得來，一定能成為好朋友。」

她也算是準確的預言家了，這句話裡實現度高達三分之二，我果然在一年後離開這家公司，也從未整形，但是之後，我們卻再也沒有約出來聊天，我並不是勢利的人，有時候在臉書上看到她的動態，也想要敲她一下，只是……那張臉的變化越來越大，內心深處，我還是很怕自己認錯人啊。

職升機位有限，快速預定指南

- 職場上先別急著「做自己」，先觀察人。
- 認臉的能力和認識對方的誠意一樣重要。
- 把焦點放對方身上，多問：「為什麼？」、「然後呢？」、「你的感覺呢？」
- 主動打招呼，這是建立好感，同時也是讓對方記得你的好方法。
- 找出公司的「潛知識」、「潛文化」和「潛規則」，能幫助你快速融入。

02 跳槽還是跳坑，你該思考三個層面

在這家販售美麗的化妝品公司待了一年左右，我覺得自己實在不夠愛美，也沒有那種對美麗全情奉獻、全心追求的熱情。正在考慮下一步的時候，就接到之前主管的電話，問我有沒有意願到新公司工作，於是，我面臨人生第二次跳槽的機會。

通常在決定跳槽之前，一般人會遇見的處境無非三種：

- 別的碗裡盛著明顯更好吃的菜。
- 自己碗裡的菜雖然好吃，但也吃很久了，想換換口味。
- 自己碗裡的飯菜都餿了，再吃下去有害健康。

如果是第一種狀況，你所持的判斷標準應該是：別人的菜到底多好吃？適

合你的腸胃嗎？如果是第二種，則是原來的菜能不能吃出新的滋味？自己的口味是不是很常變？如果是第三種，情況就相對簡單，不用考慮，為了身心健康還是別吃了吧。

很多人生叢書，在羅列成功方程式時，都會要你分析終極目標，以終為始，再妥善安排中間的歷程，一步一步像下跳棋一般完成志業。但老實說，職涯能夠這樣安排的人，少之又少，因為在現實和欲望的拉鋸之下，使我們常常在面臨需要做出決定時，所能思考的也不過是以上三種處境罷了。

你可能會想，職涯上的決策思考，真的如此線性簡單嗎？其實就像人如何滿足口腹之欲一樣，我們在面對跳槽與否時，情況再複雜，最後也終究會落入自然而偏生理性需求的思考模式。

跳槽時常犯的三種錯誤

跳槽是好事嗎？以我為例，人生中第二次跳槽，我跳到了和藍色城堡同性質的公司，且還負責業績堪憂的品牌。

其中一家美商日用品公司，我所負責的是嬰兒用品品類，雖然職責範圍和薪水都有所拓展，但這個品類，還真的是個巨坑……。

先撇開臺灣擁有全世界最低的生育率這項殊榮不談，一千人當中生育的婦女不過一點多人，這樣的人口基數使得此品類永遠不會沾到自然增長的榮光；這樣的特殊環境，也使得願意生育的家庭，在嬰兒用品選擇上趨於精緻化。再加上臺灣的嬰兒用品（尤其是新生兒）基本上屬於送禮市場，大眾化的品牌自然讓消費者有拿不出手的感覺，不如進口（昂貴）品牌受到青睞。

當時跳到這個巨坑的我，人生著實痛苦了好一陣子，感覺怎麼游都游不出一股向下的漩渦。以臺灣人在生育上「趨凶避吉」的習慣，還不如去做保險套品牌來得實際一點。

為什麼我會落入這樣的窘況？其實是在思考跳槽的時候，犯了三個很基本的錯誤：

▣ 盡信熟人延攬

對於以前共事過的主管再來找自己，自然會有「此人必是惜才愛才」的幻想，但冷靜想來，**人才也不過是工具，主管找你去也純粹是因為你「好用」**、**「慣用」**。也正因為如此，通常到職之後，便會省卻許多暖身、蜜月期、客套話的前置作業，直接進入將你榨乾的衝刺期，使盡一切要求，務必一起衝破難關，只是撞破的通常是你的頭而不是他的頭。

▣ 誤判個人能耐

「孤臣無力可回天」這句千古流傳的詩句不是胡扯的，當一個正在頹死路上的品牌對你發出求救信號，而當下腎上腺素正高昂時，你會以為自己擁有《駭客任務》（*The Matrix*）當中救世主 NEO 的能耐，而偏偏這種「救世主心態」最能蒙蔽雙眼。一定要冷靜調查並判斷，其他人無法讓生意起死回生的原因是什麼？很可能不是人的問題，自然輪不到你解決……不要輕易的把自己的能力放大了。

▣ 吃這碗看那碗

不確定別的碗中飯菜是否更好吃，但總之對現在正在捧的飯碗感覺到「膩了」，想換環境。

工作和觀光或租房子不一樣，想看不一樣的光景不是一個很好的理由，而為了這個理由，通常會越換越糟。原因很簡單，驅使你跳槽的動力和工作本質無關，而是個人的觀感，而感覺永遠都在變。

工作有點像是談感情，這段膩了就換，那麼下一段的新鮮期也很快就會過去。於是，一旦基於這個理由換了第一次，就會養成一直換下去的習慣，這對職涯而言絕對是扣分。

挖角的職缺，通常不是好缺

除非另一份工作內容更有吸引力，讓你更有成就感，且有更實際的：頭銜、職責範圍、薪水都有所提升，否則初出社會的新鮮人還是不要輕易的跳槽。因為跳槽之後，首先要面對的就是新環境的適應、人脈的重建、自我工作能力的重新證實。

不管你在前一家公司的戰績多麼輝煌，也僅僅是面試時「參考用」的標籤，進去之後，一切都要重新開始。

從來不會有人跟你老實說，連獵人頭也很難說出口的，就是挖角時開出的職缺，通常不是什麼好缺。只要探聽一下先前在這個位子上的人都如何「善終」，就能明白，**好的位子通常會優先讓公司內部表現優秀的人才請調，而會從外頭找人的缺，十之八九都是內部撿剩的。**

獵人頭通常會跟你說：「正因為這個位子挑戰非常大，公司想從外部尋找更能勝任的人才。」我只能說，先聽聽就好，還是要調查清楚。

一個位子的出缺，不管是內部升遷還是外部挖角，繼任者某種程度上就是「被抓交替」，總要有人墊上，原來的苦主才能展開新的人生，再糟糕再不理想的生意，公司也不會容忍無人看顧的，起碼業績報告總要有人寫，業績不好總得有人被罵。

當然也有一種可能，就是這家公司正在業績蓬勃發展，火力全開期，這個位子是為了因應新增的業務需求而設，那便是不同的故事。

只要看清楚，自己是「被抓交替」進來的，還是正在一艘順風船上。期待值正確，自然可以平心靜氣面對挑戰。

但也要有時間戰線拉長的預期，通常一個由外部空降的職位，基本上就是打掉重練，沒經過兩年，實在無法在新公司站穩一席之地。在接受完所有人的一連串升官發財行大運的賀詞之後，你還是得摸摸鼻子回到工作崗位，從零開始，努力付出。

這也是為什麼，職涯專家或獵人頭會建議你，**整體薪資福利沒有超過二〇%的提升，不要輕易往外跳**，因為中間的轉換成本必須計算進去。

職升機位有限，快速預定指南

- 跳槽三錯：受制人情壓力、誤判自我能耐、只想換換口味。
- 人才也不過是工具，老闆找你去，純粹是因為你好用、慣用。
- 跳槽大部分是「被抓交替」的過程，不必太期待，平常心面對。
- 除非新的工作內容更有吸引力、更有成就感，且有更實際的回饋，否則不要輕易的跳槽。
- 不管在前一家公司的戰績多輝煌，也僅僅是面試時「參考用」的標籤，進去後，一切重新開始。
- 挖角時開出的職缺，通常不會是好缺。
- 會從外頭找人的缺，十之八九都是內部撿剩的。
- 整體薪資福利沒有超過二〇%的提升，不要輕易跳槽。

03 老闆嫌、部屬怨，職場三明治世代

第二次跳槽，我到了一家美商日用品公司，在總經理的辦公室中，她親切的問我到職三個月，心情如何？雖然明知道這是例行的入職會談，目的是和HR回報此人是否有跳船或輕生的念頭，回答時意思意思交代得過去就好，但因為總經理的眼神太過真摯（或者她真的也有心理醫師的執照），我不禁脫口吐實，將生意有夠爛、團隊很渙散、業務很不耐煩這三大惡兆托盤而出。

當然，告解之後，我亦記得將「天將降大任於斯人也……」、「能力越強責任越重」等所有看過勵志片或英雄片的對白加入結尾，以示我還撐得下去的決心，但當時我還是有些後悔，這樣脫口而出，是不是太莽撞了？而且總經理約談我，肯定是想聽聽新人新氣象，有沒有一番殺敵出陣的決心，怎麼換成都在聽輸家吐苦水呢？她一定心裡很不開心，說不定下一秒就叫人資準備好我的離職面談。

我想總經理可能真的有心理醫師的執照，因為她不但全程靜靜聽完，還傾身交握著我的雙手，用晶瑩濕潤的眼神看著我說：「Elsa，恭喜妳，終於進入middle manager 的世界了！Welcome to this world!」

夾心主管最需要人際能力

你也遇到了這樣的情境嗎？明明升官，卻做著比以往更多的雜事，等候更久來自上層的批准，反而什麼事情都無法自己決定和完成。壓力與要求來自各方，不僅要顧上也要顧下，老闆問你東西什麼時候能交出來，你還得去問部屬什麼時候可給。

以往交報告，就是臨近死線時，拚個一、兩天就行，現在這事可沒這麼簡單，部屬可能需要你指點、審核、批准，有時交上來的東西得先改錯字，跟一個抓漏師傅沒兩樣。你當然可以指著部屬罵：「是不是腦子進水？交這種東西，還搞這麼久！」但除了生意不好做，人也不好找，一旦下面的人被罵跑，事情得自己扛外，HR還會來約談有關人才流失的問題，怎麼想都不合算。

上層主管對你的態度就更妙了，她會越過你跟你的部屬超級合拍，有點像奶奶疼孫子，或是姨婆發紅包的景況，你這個夾在中間的小主管（媳婦），常常心急如焚，事情都做不完了，主管還拖著部屬在聊天，待會部門會議上一看數字兜不攏，奶奶可不會罵孫子，罵的一定是媳婦數學沒教好。

這，就是中間管理階層，言簡意賅來說，就是職場的中間三明治。也是一個組織裡，從基層中往上升第一次官的職階，在食物鏈中大約比浮游生物再高一級。被冠以「經理」的職稱，下轄數人，管理獨立品牌、領域或事業單位，但向上匯報一到兩層主管，才會到公司的主決策者。

哈佛大學教授羅伯特．卡茲（Robert L. Katz）認為，一個管理者必須具備三種能力：技術能力、人際能力與概念能力（從基層員工到高層領導，大致上是**越底層，技術能力要越強，越上層，概念能力要越高**）。對管理者個人而言，因本身所處的階層高低和具備的能力不同，必須調整三項能力的比例組合。一般而言，中間管理階層最需要的是人際能力。

- **技術能力**（technical skills）：對於某項業務的了解和操作能力。管理者雖然不一定要對所轄的業務瞭若指掌，但也需要擁有某種程度以上的技術能力，才能與部屬溝通，並掌握狀況。
- **人際能力**（human skills）：能和組織內外的個人或團體，有效建立信任、合作關係的能力。由於管理者是在群體中工作，有人際能力才能順利完成領導部屬、激勵他人、協調溝通的任務。
- **概念能力**（conceptual skills）：抽象思考、分析判斷和組織計畫的能力。管理者需要具備宏觀的視野和策略性思維，以釐清問題、擬定目標、做出決策。

中間管理階層除了在組織角色上處於三明治的中間，在功能上也常需要多工處理（Multi-Tasking）的技能，一邊扛著上面交辦下來的任務，一邊要分配給部屬工作，還得權衡勞逸不均、適材適用等問題，整天膽戰心驚，的確很像走在鋼索上的人。也因為時時需要對人溝通，是最需要人際能力的時期。

我相信不是每個人生來就圓滑、外向、喜歡與人相處、總是知道該在何時說正確的話……我們印象中的「人際能力」，似乎常常與「社交技能」和「政治正確」畫上等號。但我認為，**在中間管理層的時期，更需要的是「真誠務實」和「放下身段」兩大基本原則**。

所謂「真誠務實」，是指不管在對上或對下，或是對其他部門的溝通當中，都能抱持「對事也對人，誠心說真話」的信念。對事也對人指的是在日常工作的思考與判斷中，都是以「解決問題，達到目標」為準則，但因為面對多重面向的工作關係，也必須考慮對每個人說話時，要以對方能接受的方式。

聽起來很難，因為在這個角色當中，需要應付的面向很多，等同三百六十度的溝通，如果要對每個人說不一樣的話，不僅自己記不得，更是很快就會在組織中失去誠信。因此我所謂的「對人」是指用誠心說真話、態度誠懇、述說事實，並時時刻刻尋求雙贏和互諒的局面。

所謂「放下身段」，則是盡量忘記自己是主管的身分，有空時多和部屬相處，了解每個人的生活情況、個性、喜好，這會使你在溝通及交辦事項時，因為資訊充足，不僅能找到對的人來執行任務，更能以適當的方式與標準來要求團隊中的每個人。

因為在帶領基層團隊時，公平與信任是部屬最看重的領導特質。你自己不也是這樣走過來的嗎？如果主管交付的是你最拿手的事項，又能以合理的期限與標準要求你，通常做出來的成績不僅游刃有餘，也時常能夠超越當初設定的目標，久而久之成為一個正向的循環。而這中間需要的可能不多，僅僅是主管多了解你，知道你的強項、弱項以及脾性而已。

夾心主管得貼近哪一邊？

所以後來，我便開始一種新的工作模式。那就是**向上管理期待，向下無限放低身段。所謂「向上管理期待」，是指真誠務實，做不到的事情要懂得拒絕，**中間主管不能總是一口答應做不到的業績目標，久而久之，只會操壞整個團隊以及自己的免疫系統。若是老闆露出：「叫你來就是指揮團隊的，怎麼你樣樣都做不到！」的嫌棄表情，也得稍稍忍住，好言好語的跟老闆說明局限為何。

一般來說，若是連續三次都能達到自己所調整的目標，之後老闆就會相信你的判斷。在這個位子，能冷靜務實、精準判斷，比起領著一幫子年輕人不分晝夜的往前衝，卻次次流會，對公司來說當然更需要前者的管理技能。

而「**向下無限放低身段**」的無限，當然是指我個人的「心理尺度」而言。有一陣子我很想打入部屬的群體，除了常在臉書上和他們互動之外（他們應該很後悔加我臉書），也常試圖參與他們下班之後的活動。

當時公司的座位編排精妙，各團隊就坐在主管的前方，依據資歷深淺一排排往前坐，搞得我有點像補習班的監考老師一般。隔板很高，坐著的話看不見前頭在幹嘛，所以我常常要站起來才能跟他們面對面說話，看看大家都在做什麼（或是來公司了沒），若是坐著聽，有時候話語會被隔板阻擋，而變得朦朧不清。

有一天中午，休息時間快結束了，我的團隊們在前方聊著天，大概在討論待會下午茶該訂雞排或是珍珠奶茶，還是都要？一般而言，我平常不會參與這個討論，但是當時我的耳朵聽見了幾串關鍵字：「最近很賣座」、「電影院很近」、「下班一起去？」當下心想這太好了，能跟團隊一起欣賞一部佳片，出來還能交換心得、增進感情。當時我跟他們還沒能混熟，因此把這當成絕佳的機會，馬上從我的位子上站起並舉手：「我！我也要去！」

我迄今都還記得小朋友們尷尬但不失客氣的表情，主召人好像還說了：「沒問題，太好了」之類的歡迎語。忘記過了多久才發現，他們原本討論要去看的片，是《3D玉蒲團》……。於是，開了一天會的我，趕著六點準時下班，打電話跟家裡告假，請老公接孩子，然後和團隊們戴著3D眼鏡，坐在戲院席位上看著立體的R級片畫面……那場面真是既荒謬又不忍卒睹。

我的「用力過猛」想必在團隊內引起一陣不短的悶笑，但在那之後，彷彿也打破了一些什麼，更能貼近他們，不管是討論公事或私事，都能感覺他們對我敞開心胸。就像我一直希望自己能做到的「真誠」與「務實」，這群小朋友在工作的態度上也非常認真、負責，做不到不會虛晃一招，而答應下來的事一定在期限和標準內做到。

當然他們本身一定就擁有這樣優秀的特質，我所做的也只是讓他們知道，**主管私下也只是一般人，也有好笑和軟弱的時刻**，只是在工作上，因為職務要求必須管理他們，希望他們能夠信任我，就像我信任他們一樣。

在不少網路調查報告，或職場文章中，常會看見主管抱怨新世代年輕人的症頭，包含不耐操勞、欠缺策略性思考、心性不定、愛喝下午茶、團購……看的時候我都會想：這不就是年輕菜鳥時的我們嗎？誰在基層員工時期，不是這個樣子？也因為走過這樣的歷程，心理上更能貼近部屬，理解他們日復一日做著繁複、重覆、基礎的工作時，常常無意間會流露出的躁氣。

中間管理層的職責依然是承上啟下——承接上級交辦下來的任務，啟發部屬工作的潛力。**但是在心境上，我認為應當還是要站在貼近部屬的這邊**。這並不是說單方面的寵溺，或一股「有我罩別擔心」的憨勇，而是站在做人和做事的立場而言，部屬比起上級主管而言，更需要花費心力帶領和體恤；而考量到個人職涯利益，若能帶出好的團隊，並培養一到兩個幾年後能接任你位子的接班人，對你的升遷也大有幫助。畢竟中間主管再上去，就開始需要展現概念能力——宏觀的視野和策略性思維，以釐清問題、擬定目標、做出決策。而一個會做事更會帶人的主管，一定要具有這樣的潛力。

職升機位有限，快速預定指南

- 管理者必須具備的三種能力：技術能力、人際能力與概念能力。
- 中間管理階層時期，人際能力的展現重於技術和概念能力。
- 部屬最看重的領導特質：公平與信任。
- 中間主管應有的工作思維：向上管理期待，向下無限（內心尺度內）放低身段。
- 主管私下也只是一般人，也有好笑和軟弱的時刻。

04 阿秋大肥鵝幫我找回業績

在這家美商日用品公司工作時，感覺一直被業務團隊排除在外。雖然剛開始的印象極好，業務同仁們不但資深，態度和藹可親，開會時也願意準時出現（有些公司的業務是從不現身的），感覺來到了團結齊心、和樂融融之境。但之後參加過幾次業務會議，就領教到這些老油條們的技能。稱他們為「老油條」們似乎有點不敬，但回憶當時和業務團隊的對話，經常讓我有種偵查懸案的感覺，才確定這群人真正經驗老到。

我：「請問這個月某某品項在某個通路的出貨量，為何低於預期？」

業務大哥（以下簡稱大哥）：「消費者不買，通路還有庫存。」

我：「請問通路庫存還有幾個月？過去六個月平均庫存大約是多少？」

大哥：「庫存還有六個月，過去平均庫存大約一個半月。」

我（大驚）：「過去平均庫存只有一個半月，怎麼這個月庫存會衝到六個月？是不是上個月進貨量太多？（委婉的指稱：你是不是塞貨？）」

大哥：「上個月進貨時，我們沒預料到這個月購買力會這麼疲乏。」

我：「但是購買力在過去六個月內，沒有明顯變化啊。」

大哥：「這個月就變了。」

我：「請問是來自通路的銷售數字嗎？因為市調公司的資料要下個月才會出來，所以不知道你的數字是哪來的。」

大哥：「店長說的，他說我們公司產品這個月動得特別慢。」

我：「那是哪家店？占整體通路的業績比例多少？可以看一下他店的營業額變化嗎？」

大哥：「妳也幫幫忙，那是人家POS（按：Point of Sales，銷售點終端）的數字，怎麼可能隨便給妳看。」

我：「那有給你看嗎？」

大哥：「有，但我不能給妳看。」

諸如此類，雲裡霧裡打高空的對話不知凡幾，每次業務會議就要上演一輪，問遍各種問題，就是無法問出所以然。行銷部沒有任何的頭緒，不知道如何調整策略，新品上市之後，好賣不好賣，全憑業務之口，就如生了個孩子送到寄養中心，孩子活得好不好，只能從社工人員的口中知道。

行銷計畫是在畫ＰＰＴ還是畫虎爛

在當時，除了日常業績經常被業務團隊糊弄之外，行銷部所做的所有前期調查研究、廣告滿意度測試、行銷策略到主視覺設計，其實全都是做辛酸的。到了新品上市會議，業務頭兒看一下包裝，瞥一眼廣告，連消費者調查結果都不聽，馬上就搖搖頭，大手一揮說：「啊，這不會賣啦。」經常小朋友準備了三十頁的簡報，講不到十頁就被轟下臺，都快哭出來了。有的比較機靈和臉皮厚的，還能不死心的爭取：「再五分鐘！快講完了！」而勉強講到最後三分之一的地方，但通常大部分時候都不得善終。

在一般的快速流通消費品公司中，業務部如此強勢的例子不是沒有，但通常相對而言，業務端也要具有罩得住通路端的能力。又或者，若是公司經營的主力品類，以通路端導向為主，如衛生紙、飲料、食品……那麼行銷部相對而言，在前端要做的消費者研究與品牌策略規畫，就不需要那麼多。

讓我覺得矛盾的是，這家公司號稱以品牌為重，是著名的消費者調研與簡報工廠（我曾經在某任前手留下來的檔案當中，看過長達一百多頁的五年品牌策略規畫，可比擬碩士論文的規模）。當我的團隊每天窩在位子上，看著密密麻麻的數字，像皮克斯動畫工廠一般，畫著一張又一張的簡報，我都在想，到底是要做給誰看？做給老闆跟國外總部看嗎？就算買單了，到業務那邊，又推不下去，那不是在做白工嗎？

這群業務老伯伯的平均年齡大約五十五歲，當然依照不同通路的屬性，會有各自適宜的年齡範疇，比如管屈臣氏、康是美等美妝通路的業務較為年輕，管大潤發、家樂福類通路的業務較為年長，但總體來說，都屬於「資深長者」。長者們的地位如同羅馬眾議院的元老們，不動如山；相比起來，行銷部一批批來了又走的年輕人，全都像消耗品一般，不僅言微人輕，還常常連名字都不被記住，非常令人心酸。

這樣的日子過了一陣子，每天都和業務部門在打糊塗帳，被耍得團團轉後，我也萌生退意，反正未滿試用期，就當自己體質不適，水土不服吧。

打通酒腸，打開心房

最後一次新品上市會議的巡迴演出，是在臺中。會議開完後，業務部頭兒請祕書訂了臺中有名的「阿秋大肥鵝」，要宴請臺中業務同仁以及我們這些行銷部小兵們。本來我對出差的晚上要應酬這件事非常感冒，但當時抱持著：「搞不好這是最後一頓，就當餞別（farewell）晚餐」的心態，想說跟大家好好喝幾杯，感謝短短日子以來的照顧也好。

想不到這些老伯伯們，各個都是酒國英豪，啤酒、清酒也就算了，外加威士忌公杯一排展開，菜還沒上就喝開來，連吃碗白飯墊墊肚子都不需要。我陪喝了幾杯下去，早就頭昏腦脹……心想這樣下去不妙，於是想去廁所把胃裡的酒精給催吐出來，結果聽到隔壁間是自己行銷部的小朋友，那聲音更是慘不忍「聽」。

從洗手間出來之後，仗著酒意，我一手拿著威士忌杯，一手拿著水，直攻業務部頭兒。劈頭就罵他，不給行銷部機會、不支持行銷部創意、不鼓勵年輕人……原以為自己會被左右護法給架下去，想不到業務部頭兒不以為忤，笑著對我說：「忍不住了吧，來啦，先喝一杯啦。」對我舉起杯後，娓娓道來。

「啊，不要說我不給行銷部機會，有沒有想想，你們每次關在房間裡面畫PPT還是畫虎爛，出來就要我們賣得要死要活，鋪了一堆貨，結果賣不動，業務還要自己跑店拜託店長清貨！這種事情，我在這家公司三十幾年，每年要上十幾個新品，就看過幾百次。」

「**你們那些消費者調查喔，跟你們每天上班一樣，都是關起來做的**，我的人成天在外面跑通路，什麼東西會賣，什麼東西推不動，一清二楚。」

「業務有業務的職責，該鋪貨該促銷，業績目標這個月做不到，就下個月補起來。行銷部的職責呢？除了做研究、PPT、跟國外開會講英文以外，**你們每個月巡店幾次？**業務跟你們講的前線需求有即時支援嗎？講最簡單的例子，要做個促銷海報跟你們要圖檔，跟我們說要審核品牌形象，一輪批下來，促銷檔期早就過了，我們是打仗的人，這樣等下去，不如自己做，寧願做出來被你們罵醜，也不要做不到業績。」

我沒有說話，對著他默默飲了一杯威士忌，再喝了一口水。

「我知道你們辛苦，但是我們這些跑前線的老狐狸喔，也跑了二、三十年。每次跟我們說會大賣的，到最後要清庫存；跟我們說貨足夠，結果缺貨兩、三個月，天天被採購嗆，各有苦處，為了業績，都是互相擦屁股啦。」

他一口氣說完以上才稍稍歇停，讚許的看著我乾杯的俐落手勢：「不錯不錯，真能喝，有誠意。」

那天晚上我便這樣的「將誠意進行下去」，逐桌逐位的敬酒，邊喝邊聽他們吐苦水。聽一聽，的確是我們坐在辦公室裡碰不到的事，看著這些老伯們，肚子外凸的有，頭髮稀少的也有，三高慢性病都少不了，平時出去走闖應當非常操勞，通路端給他們的苦頭，大概也不下於他們平時在辦公室給我們的折騰。

有的大哥們，平日不見真性情，三杯下肚後，特別可愛，還會跟我道歉坦承，其實某某新品沒有賣進哪個通路，採購根本不要，他只能拿別的品項去補業績。最後看著我說：「啊，妳剛來，還做到最難做的嬰兒品項，我看妳也是很衰，多喝幾杯啦！」我心想這真是大實話。

最後曲終人散，我也喝得快掛了，家人來接我的時候，我正滿臉通紅，像隻煮熟的蝦子一樣，蹲在「阿秋大肥鵝」的路邊發暈，而剛剛與我舉杯暢飲的業務同仁們，也一喝泯恩仇，開心的出來送我離開。上車之後，我轉身從後車窗看他們一群搭肩扶背的身影，在路邊搖搖晃晃，正跳著土風舞，心想真是個歡樂的夜晚，不知明日回臺北，會議室內相見，又會是什麼樣的光景。

「三明治式回饋」讓團隊更能正面溝通

隔天早上的業績週報會議，似乎什麼都沒有改變，業務端的回報依然是對新品的意興闌珊，一心只想用促銷達成業績……我心想這也是正常的，不過是一**攤酒局，並不能改變這家公司的生態**，以及一直以來以業務部為導向的文化。當品牌價值與行銷策略，無法在一、兩個月內體現，但業績目標卻是月復一月在追趕時，團隊討論要能拉出長遠的視角，的確是困難的。

在那之後的行銷團隊會議，我便要求團隊做出三件改變：

- 每月至少安排一次巡店，最好多往中南部走，與不同區的業務交流。
- 走動式溝通，有事要談，直接走到業務部門，或至少拿起電話，聞聲如見人，總之非重要會議紀錄，少用 E-mail。

- 邀請業務團隊參與消費者訪談的過程，讓他們親耳聽聽消費者的心聲，也了解行銷團隊所有溝通策略的根基。

這些其實都不是什麼了不起的管理技能，但確實都是這個團隊原本耐心與細心不足之處。可能是因為工作上總是在和時間賽跑，也可能認為「各司其職」，抱著把自己的工作做好即可的心態，而疏忽了。

其實增進跨部門的合作默契，只需要心態的改變。每個部門都有自己的工作模式跟化學反應，想要了解與融入他們，就跟著他們跑一天，做他們的工作、說他們的語言、過他們的生活；同樣的，如果要讓對方了解自己的思維，也只能打開自己的圍籬，邀請他們體驗我們的生活，如果雙方永遠只能在會議室裡短兵相接，紙上談兵，恐怕永遠談不出什麼結論或行動來。

慢慢的，我看到了一些轉變，原本樓層不同互不相見的兩個團隊，在行銷部辦公區附近，經常出現業務大哥大姊們的蹤影，有時是拿著DM來抱怨競爭者品牌殺價，有時來把玩新品的周邊宣傳物設計，有時也沒什麼要事，就是出門跑店回來，帶了下午茶，想到我們行銷部成天蹲辦公室吃不到什麼好東西，好心過來餵養我們，順道聊個天。

還記得有一次在焦點團體（Focus Group）的消費者訪談中，隔著玻璃的後面，坐了好幾個業務部通路主管，津津有味的聽著消費者對我們新品廣告的批評，邊聽邊大力點頭，還拋過來眼神像是說：「早就告訴過你們了！」我也莞爾一笑。但相對的，聽到消費者對我們品牌形象的稱讚時，他們也會露出與有榮焉的表情，甚至比行銷團隊還要開心。

我也會聽到我的團隊，剛巡店回來，便迫不及待的打電話給負責該通路的業務，回報實時戰況。但我深知業務部最怕行銷部私下巡店，回來抱怨一堆，所以交代團隊，一定要採取「三明治式回饋」的方式溝通——**先稱讚大致上好的地方，也別忘了感謝業務的努力，再帶入需要改進之處，最後總結建議，如何調整能讓雙方都達到更好的成果**。在多次嘗試之後，業務部門接受度都算高，討論積極正面，最後也能感謝行銷部的用心，不視我們的考察為找碴，而是真正走出象牙塔，體會前線需求的舉動。

在業務會議上，也不再聽到「煙幕彈」、「打高空」式的詞彙，業務部門往往願意說大實話，而且附上實用的建議；行銷部門在敘說品牌策略，新品或新廣告的溝通訴求時，業務部門也能釋放「有在聽而且有聽懂」的眼神，不再如以往像是毫無交集卻又同住屋簷下的怨偶。有時還能聽到業務安慰我們：「沒關係啦，臺灣人不生也不是你們的錯，那些願意生的，我們一起多賣他幾瓶洗髮精啦。」雖然令人苦笑，心頭卻暖。

原本不到三個月就想走人的我，因為目擊這些微妙的變化，而越來越能感受到這家公司的向心力。美商臺骨的特質即在業務單位重溝通、重情面、重承諾的文化，一旦有了交集，搏出感情，一起為業績拚搏的氣勢是有的。只是在跨出相互了解的那一步之前，不能僅依循單純外商公司的文化，公事公辦、一切看數據、看KPI。外商公司的路數，的確是無法套在這些老江湖頭上的。

當年的尾牙晚宴上，我所負責的品類業績勉強達標，與去年相比還有小幅成長，這不能說是我的功勞，僅能感謝我的團隊願意走出疆界，和業務部門交心，也感謝那一場「阿秋大肥鵝」之宴，讓我訴盡怨懟之餘，也能理解業務部門的苦處。我到主管們坐的主桌逐位敬酒，一樣左手拿水杯，右手拿威士忌，業務頭兒對著我笑咪咪的說：「是不是？說會挺妳就會挺妳。」我微笑點頭，表示感謝，他繼續對我說：「左手拿的那杯快滿了，先倒掉再來敬啦。」

原來他早就看出，我一直以來都是喝一口威士忌，假裝吞下，然後再喝一口水，將威士忌吐在水杯裡……自「阿秋大肥鵝」之宴，這一直是我慣用的招術，而他的不加拆穿，現在想起來也是一種體諒。

職升機位有限，快速預定指南

- 找出公司的「潛動力」，並盡力融入，尋找雙贏，才有可能驅動事物往自己想要的方向前進。
- 各部門都有自己的工作模式，想融入，就跟著他們跑一天。
- 三明治回饋法：稱讚好的，再帶入需要改進的，最後總結調整。

第五章

人才：再怎麼呼風喚雨，也只是公司的耗材

01 被逼著走出舒適圈，人會真正活著

要認識一個人，可以很難，也可以很簡單：用 Google 便行。很多人都有 Google 別人名字的習慣，比方說在職場上，突然空降了一個名不見經傳的人物，看起來也沒比你多長幾根毛，卻活生生要當你的直屬主管。或是江湖走闖交換名片時，對方把自己的資歷說得天花亂墜，讓人不得不心生狐疑，這個人在臺灣到底開了多少間公司？在這種時刻，最直接的方式，就是先虛情假意的招呼對方一番後，再直接拿出手機請問 Google 大神。

也有些人，有 Google 自己的習慣，並且也鼓勵別人透過 Google 來認識他，這樣的人通常在臉書上擁有公開的帳號，超過四、五百名朋友，否則就是成立粉絲團，總之他的社交圈是自由世界裡的公共資產，他歡迎所有人成為朋友，向他盡情傾訴心事，公開表達自己的意見，但是這些人通常不會在自己的園地透漏任何的個人喜好。因為是公開的，不得不失是最安全的策略，自己要

的只是一個知名度，以及「開放」、「多元」、「共融」的形象。

我自認不是個有「水仙花情結」（按：Narcissus Complex，比喻自戀狂）的人，也沒有開設公眾帳號，特別是經歷後面這個事件後，我會特別留意在網路上不要公開任何資訊，最好越默默無名越好。因為在網路上個人會被留存的生存證據或歷史遺跡，常常會對當事人未來起了某種無以名狀的催化作用，甚或發生難以解釋的巧合，可以說是「恐怖預言」那樣的神怪事件。

我讓老闆不敢裁？但我被裁了

在P&G工作時，我曾經透過公關部門安排，接受了商業周刊的一次採訪。那次的採訪應該是一個探討跨國企業公司文化的專題，且採訪對象不僅有我，也包含來自各個外商公司的人才。

我記得記者來採訪的時候，公關部門的同事是全程陪伴的，我所回答的也不是什麼奇怪的、尖銳的問題，大都針對日常工作內容，以及面對不同國籍老闆，會產生什麼樣文化上的衝擊……非常普通。我亦以為這篇文章出刊後，應該就會沉沒在茫茫的職場好文大海當中，因為自己畢竟就是……非常普通的一個人。

想不到這整起事件當中，最不普通的，是當時那位採訪記者的「下標」能力，我也不知道自己說了什麼事情，激發他的創意與奇想，這篇關於我的報導的標題是：「做一百二十分人才：我讓老闆不敢裁」。而這個標題由於太明確動人，也被很多關於管理技巧、人才培訓的研討文章引用，於是很多年後的今天，比方說這本書看到現在，懷疑我是否通篇唬爛，想要詢問 Google 大神時，輸入「郭艾珊」三個字，還能找到這篇報導，和這斗大諷刺的標題。

離那篇報導後過了數年，我去了一趟香港、廣州，體驗外派人生。辭職回臺後，到一家美商皮臺灣骨的外商日用品公司工作（見第四章）。由於主管就是我之前在P&G的主管，以及主管的主管，總之就是同一批P&G資深畢業生，一開始工作起來也頗覺順風順水，沒什麼可挑剔之處，但就是生意很差。

某個早晨，我正在煩惱早餐要吃什麼時，接到主管的一通簡訊，指示我：

「即刻、盡速、馬上進辦公室。ASAP（按：as soon as possible）」這是非常罕見的情況，通常只有大老闆來巡市場，通路發現陳列出包了，整座擺成別人的商品等毀滅性的慘案，才會有如此急迫的召集令，於是我也顧不得早餐，招了一臺小黃跳上，十五分鐘後直達公司內指定會議室門口。

門一打開，主管和人資部主管面色凝重的坐在裡面。主管面色凝重並不令人意外，因為最近的業績的確令任何神經正常的人都開心不起來；但人資部主管，公司人稱媽祖娘，見人陪笑，凡事問好，阿彌陀佛的一位師姊，不曉得為什麼今日竟沒有好臉色看，竟然還有點面容衰敗的感覺。

主管遞給我一張紙，要我細讀，一打開，是資遣通知書，上面的生效日期是今天。這張A4紙上擠滿了法律條款、資遣金額……資訊，就是沒有寫我想知道的原因。故對我而言，這張通知書形同白紙。

隨後，我開口問的任何問題，對面的僵臉主管和面色如土的媽祖娘都搖頭表示：「無可奉告。」一時之間我以為自己是正在宣告米蘭達權利（按：miranda rights，在逮捕審訊前，警察向犯罪嫌疑人宣讀其享有的權利）的刑警，而對面這兩位是律師還沒到場的現行犯，有權保持緘默。

我大約是問：「除了我還有誰？」的問題，非常諷刺的，人在如此驚嚇失魂的處境中，竟然只在乎自己是不是唯一的衰鬼，最好有人陪同我一起跳海。

既然都沒有人要再說什麼，我也決定不囉嗦，拿了通知書就走。離開前的最後記憶，是進了電梯後，僵臉主管追出來，哭哭啼啼的擋住電梯，問我：「妳要去哪裡？」（這不是廢話嗎？你們剛剛砍掉我，我只能回家啊。）

我不回答，我也有權保持緘默，但應當也是滿臉是淚。如今想想，當時的問題有多麼可笑，就表示她有多麼心慌意亂，這對她來說，也是一個沉重的決定吧？或者也不是由她決定的，但是必須由她來通知？

永遠要做好「突然被開除」的準備

這個打擊對於進入職場以來，始終一帆風順的我來說，不能算小。我整整頹廢了一個月，陷入嚴重深沉的憂鬱當中。家人、朋友們覺得這不過就是一份工作，沒了再找就好，何況資遣補償並不低，有什麼好消沉的？「社會牲畜」這一詞在當時還不流行，不然，大家可能較能理解我這種豢養已久又被放生的絕望心情吧。

強制振作後，再經過兩、三個月的尋尋覓覓，臺灣市場當真沒有一丁點適合的機會，就算想降職以求都沒有。一位熟識的獵人頭告訴我，原先的公司將香港、臺灣、韓國三個市場合併，只留一個市場的行銷主管，管三個地方，而在嬰兒用品這個品類當中，他們選擇留下的是韓國的行銷主管。

臺灣人都不生了，讓韓國人來管就會生比較多嗎？這當然是我當時激憤之下的幼稚想法，其實這一切僅僅是跨國公司的利益考量而已，韓國市場的嬰兒品牌表現非常好，如果是我，也會下同樣的決定。

我心想：既然臺灣市場如此悲催，好不容易爬到一個職位，又要擔心被別的區域合併，我是不是應該走出舒適圈，離開臺灣？

感謝這家公司，讓我再度下定決心出走到對岸。這一次出走，是全家同行，包含先生和小孩，我們就這樣舉家搬遷到上海去，一去便是七年。七年中，換了幾家公司，搬了幾次家，有過幾次難忘的人生遭遇，也遇見幾個難得的好朋友，還在上海又製造了一個小孩，都是珍貴而從未設想過的際遇。

這種「塞翁失馬焉知非福」的寓言式人生，我想並不是人人都想體驗，唯一可以確定的是：不要隨便接受採訪，就算接受，也要拜託記者別下猛標，否則真有可能一語成讖，並不是說有什麼不好，如果你心臟夠大顆的話。

永遠做好會被開除的心理準備，你不是表現不好，而是世界變動太快。

職升機位有限，快速預定指南

- 人生沒有絕路，挫折往往也是轉折，危機也會是轉機。
- 早臨的逆境是福氣，你所經歷的挫敗，最後都會成為隨身武器。

02 機會不是等到的，是「安排」的

說到「跑趴」，你腦海裡會出現什麼景象？是模特兒們光鮮亮麗的衣著，足踏恨天高，臉上塗著萬紫千紅，一路張揚歡慶？還是在人聲鼎沸的夜店門前，成群的俊男美女，耐心守在臭臉保全拉起的巨長紅龍旁，相互高聲談笑？

不管是哪種景象，大概都跟節慶、聚會或歡樂有關，絕對不會有人聯想到我現在所要述說的場景：工作面試。

失敗不會寂寞潦倒，失業則會

被「強制畢業」後，我忍不住在臉書上抱怨自己遇到的鳥事，自然就引起朋友們、前同事們，以及前前同事們的各種安慰與關注。一開始感受到隔空的暖心支持，心裡很是安慰，但日子久了之後，自己心中也感到焦躁不安，抱怨歸抱怨，到底什麼時候才能找到工作？人的心理很奇妙，一邊在臉書上討拍，期待大家的關注，一邊又希望不要受到太大的壓力，因為日子一天天的過去，始終沒辦法貼出：「即將重出江湖」，那類揚眉吐氣的貼文……心情很憋，人生第一次，覺得自己很沒用。

我持續的與獵人頭連繫，跟「業界有力人士」（就是還沒被開除，還有飯吃的前同事們）吃飯、喝咖啡，想看看有沒有任何機會。不幸的是，當時的就業市場，不僅是吹不皺的一池死水，還都結冰了……一點苗頭都沒有。縱使有些機會，明知道不適合我，也說服自己去面試，但結果通常是談了一次，就沒下文。

當時沒有心情，也沒有雅量去理解，這是生命帶給我的驚奇、危機就是轉機……各種人生的奧祕，僅能任自己沉浸在憤怒與自怨自艾中，總覺得世界對我不公平，卻沒能細想，其實過去種種的順利，也不過是天時地利人和而已。

就如某天走在路上，突然經歷了一陣花瓣雨，你美美的想，哇，這真是幸福的一天，其實這只是頭上那棵樹即將結果了，而花謝的當時，你也正好路過。樹也有它的時間，你也有你的時間，一切都是巧合。反之亦然，若是頭上掉下鳥屎，鳥有鳥的時間，你也有你的時間，一切都是巧合啊。

一個月、兩個月、到第三個月仍找不到工作，每個月都到景美的就業服務工作站去領失業補助的日子，我當真覺得，再這樣下去，我可能會去賣雞排了（只是不知道人家要不要我）。就在萬念俱灰之時，塵封已久的 LinkedIn（按：領英，一款社群網路服務網站）突然湧入了一個交友邀請，是一位上海的獵人頭，看到我過去在廣州工作的經歷，加上美妝日用品的行銷背景，詢問我願不願意考慮上海的一些機會。

坦白說看到這個訊息，心中是非常掙扎的，打從告別香港、廣州瘋狂的通勤人生，回到臺灣之後，就沒想過再離開，內心深處對異地奔波，與家人分隔的孤獨與疲累感，非常害怕。但是，一時間也沒有別的選擇，於是，找了個時間，跟先生提起這個機會，心想真是到了走投無路的地步，才會又要跟家人分隔兩地。想不到他的第一句話就是：「為什麼不行？」並且說：「去上海看看沒有什麼不好，如果有機會，我也可以過去。」

先生的回答真的使我非常意外，他當時在臺灣最大的人壽保險公司擔任商品企劃的職位，而兩岸的銀行業不管在生態、法規、人脈上都迥然不同，幾乎是兩個世界。願意放棄臺灣的事業，和我一起過去探險，無疑是對我完全的支持與配合，感動之餘，心中也對未來陡然升起了無窮的希望和勇氣。

心頭打了鼓舞的一針之後，接下來的事情就如電光石火一般的展開了。我先和那位獵人頭聯絡，了解有哪些可能的機會，發現還不少，但唯一的問題是，很多公司不願意電話或遠距面試，即便我表達有遷地工作的意願，還是希望能夠面對面見到本人，也沒有哪家公司願意負擔面試時的交通食宿費用。

與其讓自己陷入無盡等待的膠著，我決定採取主動。

不停面試之後，人會謙卑

我打電話給那位獵人頭，表明願意承擔個人費用，飛去上海待一週，但希望她將所有可能的面試機會，集中在那週之內，讓我能「畢其功於一役」。

我迄今還記得那位獵人頭，她也姓郭（但名字忘記了），這個人比我還要焦慮，竟然一次幫我安排了七個工作機會的面試，還真的全擠在一週內！

雖然說只有七家公司，但從首輪面試到最後獲得 offer（按：全稱為 offer letter，指錄取通知），中間可能還有兩、三次不等的考驗，除了要看能不能順利通過每一關，也要看對方的管理高層有沒有時間能配合你。我算了算，就算神佛關照、祖宗保佑，每一家公司我都能闖到最後一關，還得扣去到達以及離開的兩天，等於每天都要跑三到四個面試，這簡直是體力活來著！這種難以想像的面試行程，也讓我體會到大陸就業市場的生氣蓬勃，競爭不僅展現在雇主與應徵者當中，某種方面來看，獵人頭公司也在拚命搶業績啊。

就這樣，我買了上海的來回機票，再跟上海的友人商量借宿一週客房後，提著一個超大行李箱，出發了。

行李箱裡裝著適合各種公司文化的衣著、鞋款、大衣、筆電……硬碟中裝著我對每一家公司的調查攻略，包含：公司文化、職位要求、品牌精神、市場研究等，甚至還涵蓋如果僱用我，頭三十天、六十天、九十天我的工作目標與行動計畫。在準備這些東西時，心態上就是將每一家公司都當成已經僱用我了，而面試那天就是入職日。不要問我為什麼如此「超前部署」，當你從「我讓老闆不敢裁」的莫名自信中，面臨突然被解僱，又在家失業三個月的慘澹人生，那種焦慮與莫名其妙的感覺，會驅使你逼迫自己做出所有可能的努力。

那一週，我名副其實的過著「跑趴」生活。有時上午是玩具公司面試，適合穿著能展示「媽味」的洋裝及髮型，以顯示我熟習嬰幼兒市場的程度；而轉身一到中午，面試機會換成國際一線美妝品牌，我便馬上回到臨時住所，換上時尚的皮裙、馬靴，加強眼線跟睫毛膏，將早上的安全髮型放下，用電棒加工成大捲髮；到了傍晚，輪到運動品牌大廠，趕緊紮起馬尾，再穿上該品牌的運動服與鞋，還得先做做暖身操，深怕面試時被要求仰臥起坐，展示體能。

就這樣，一邊換裝，一邊準備求職問答，我安然的度過了頭三天。但那真是比鐵人三項還大的挑戰，每一天回到住處，我都氣力放盡，倒頭便睡，連妝都來不及卸。如果有過跑趴經驗的人應該可以理解，一天是不可能跑三次的；如果有過婚禮經驗的新娘們更能體會，換三次禮服有多麼恐怖，累到送客時都在打瞌睡，想說這輩子再也不要結第二次婚了……更何況要以三種人格應戰，人格分裂，是很累的！

但後來回想，就算面試的公司與領域南轅北轍，準備時應當也沒有那麼複雜，因為面試時，有不少基本款問題是重複的，只要想好一種答案就夠用。

Q：「為什麼來上海？」

A：「我希望能挑戰更大的市場，更豐富的工作面向！」（真實心聲：臺灣工作機會太少。）

Q：「為什麼覺得自己能勝任這份工作？」

A：「以我在〇〇公司多年的品牌管理磨練，以及之前外派廣州的經驗累積，我相信自己不管在專業素養以及環境適應上，都能迅速調整上手。（此時不讓對方有時間反問，立即滔滔不絕提出上任九十天內工作目標規畫，並且千萬不要記錯公司。）

Q：「對薪資的期待？」

A：「我相信以我的能力，以及貴公司人力資源部門的專業，一定會給我合理、適當、具市場競爭性的待遇。這方面我交給我的獵人頭與貴公司HR處理。但是希望在擬定offer時，能考慮我的過渡成本（transition cost），包含舉家搬遷、找屋租屋、小孩教育等支出。」（真實心聲：如果可以的話，請慷慨加上我過去三個月沒收入的補償啊。）

人應盡己所能，然後交付命運安排

週四的早上是一家速食業者的面試，談得有點沒滋沒味。出了公司，走在街頭，正覺得沮喪，想說這一趟會不會就這樣鎩羽而歸時，接到獵人頭的電話，說某家藥商對我也感興趣，但是不在原來的安排之中，能不能再插入一個面試，當時我只有一個考慮：藥商的話，好像對穿著沒有太多要求，樸實無華就好……如果不用換衣服，那就去！結果非常順利，面試我的行銷總監是一位印度人，HR也一起參加，使我一次就通過了兩關。

結束之後，印度人問我還有沒有半個鐘頭的時間，我看了一下時程確實還有，下一家公司也不用換衣服，便答應了，想不到他直接去請了部門的副總，一位高大和藹的英國女人，我便和她再談了幾十分鐘。走出大門沒多久，還沒到下一場的時間，我就接到了對方的電話，願意給我 Offer。

只能說人再善於計畫，準備得再多，都比不上命運的安排。這趟跑趴面試行，我準備了大陸美妝、玩具、運動、速食……各種行業的研究，唯獨沒準備而最後拿到的 offer，竟然來自藥廠。就這樣，我進入了全然陌生，一輩子沒想過會去的醫藥行業，也開始了上海的職場滾翻人生。

雖然 offer 已然到手，我還是將原本安排的面試都跑完，甚至有幾家也進行到最後一關的面試，只是最後必須婉拒。當時的想法是，過了一段無人聞問的生活，對於有人願意賞識聊聊的機會，我都應該心存感激的一一完成。

臺灣的朋友對我突然決定要去上海工作，無不覺得驚訝，除了祝賀之外，隨之而來的問題便是：「有沒有考慮清楚啊？」我心中真正的想法是：「要是有選擇的話，我也不想離開臺灣啊！」

結束了各種歡送的聚餐，一一的謝過大家，接下來便是一連串打包、搬家、找落腳處的行程，不過和上一次外派廣州的經驗相比，這次到上海去，感覺更加篤定與安心了，因為家人與我同行。這一輪瘋狂面試的安排，使我有種主動出擊，一掃悶氣的感覺，不僅佩服自己的勇氣，也重拾信心和力量。

職升機位有限，快速預定指南

- 低潮時，給足自己時間蹲伏休養裡，往往可以蓄積更大的起跳力。
- 「主動積極」的定義不只是「掌握發球權在自己手上」，必要時，先投資與製造機會也是重要的。
- 人生的驚喜總在未經安排處，但也必須盡力而為。

03 管你雞生或豬生，快速融入才配資深

從上海跑趴一週，拿到藥廠 offer 後，我便回臺著手進行要去對岸長期抗戰的種種準備。由於是舉家搬遷，並不像上次那樣孤身外派，所以要考慮的事多如牛毛，幸好家人非常支持我。

動身前諸事繁瑣，臺灣的房子要整理出租，全家的行囊、電器要打包，最麻煩的是整面牆的書，雖然在臺灣時，不論搬到何處都會跟著我，但如果要將它們全搬到上海，恐怕會超過公司給我的貨櫃容積配額，所以最後也只能挑幾本我所鍾愛作家的書。

打包好，搬家公司將行李送上貨櫃，家中轉眼已空。將房屋鑰匙委託婆婆出租，再將女兒寄放在娘家，我跟先生兩個人就這樣上了飛機，第一個月住在公司給付的過渡居處，是一家還不錯的酒店，對面就是靜安寺以及久光百貨，但是我們只有一個月的時間，得辦好居住證及找到住房，否則一個晚上人民幣

八百多元的飯店費用就得自付。

因為新職急需上任，到上海的第二天，行李箱中的衣服還沒來得及掛出來，我就去上班了，只能將找房的重任交給先生。公司在銅仁路上，一棟詭異、嶄新、高聳的建築物，外觀彷彿一架銀色幽浮，看到這棟建築物時的感想和我當時的心情一樣：意味不明，前途茫茫。

上任的第一天，也是我第一次體會在上海生活的感覺——冷熱交迫——冬季外頭非常的冷，裡頭的暖氣也開得非常的強，一進去就渾身冒汗，得趕緊去化妝間把衛生褲脫下，塞進我的公事包中。

跟著ＨＲ巡了一遍辦公室，公司總共占據三個樓層，五十五樓、五十六樓以及五十七樓（頂樓）的一間巨大會議室。辦公室內沒有隔間，採取開放且不固定式座位，有點像圖書館那樣，先到先用。會議室的名稱都很奇怪，恰好是員工手冊上的公司價值，有「正直」（Integrity）、「透明」（Transparency）、「尊重」（Respect）、還有「消費者第一」（Consumer first）……這家公司就是這麼的具有哲思，導致之後我們開會搶會議室時，常常出現「Integrity 早就沒有了」、「搞什麼永遠都得不到 Respect」以及跟主管約在 Transparency 談加薪的荒謬對話與警世場景。

辦公室在當時應該是上海靜安區最高的一棟建築物，四面都是整片的落地窗，從站立處往下看，可以看見渺茫的馬路羅盤和微型的玩具車陣。連上海的交通命脈——延安高架橋，也變成一條小蛇。有時，雲霧繚繞四方，往外一看，感覺自己像站在高山頂上。

「雞生」科學家鬧笑話

因為這是家外商藥廠，同事的「來源」很多元，上海總部的老闆是蘇格蘭人，我的主管則是印度人，研發（research and development，簡稱 R&D）以及醫藥部門也不乏英國人；剛進公司，我就結識了人很好的香港同事，臺灣人則只有兩位。

光是中國同事的背景，展開來就是令人目不暇給的一道光譜。從華北來的有北京、天津、哈爾濱人；從華南來的廣州、順德人，從華中來的重慶、成都、武漢人……這些人在一起開會，有時一言不合激動起來，操著自己家鄉語言據理力爭時，真的非常精彩，彷彿來到各省方言辯論賽。每到這時，旁邊的外國人常會拉拉我的袖子問：「Are they all speak in Mandarin?」（他們說的都是普通話嗎？）這……也很難解釋，說實在話，連剛剛有沒有人罵了髒話，我都很難確定。

現在想起來，其實在工作環境當中，即便是在臺灣，也很難歸類你和同事都是「同一種人」。俗話說，一樣米養百樣人，十個媽媽也會生出十個不同的小孩，就連同一個媽媽生的孩子也個個不同……誰長大的過程中沒有被罵過：「你到底是不是我親生的」？所以**若在職場裡有「格格不入」的感覺，其實是一件正常的事，也是一件好事，這代表你不是活在同溫層當中，而越是和你不一樣的同事，就有越多的地方值得研究觀摩**。就把他們當成探索頻道裡的珍奇猛獸吧！

有一天，辦公室來了一位新同事，整個人感覺非常亢奮，跳來跳去四處和人擊掌，雖是菜鳥，但外貌分明已花甲之年——白髮、微禿、滿臉皺紋且四肢略短，到現在我還記得他叫 Vincent，因為自我介紹時，他說他是科學界的梵高（梵谷）。

除了老萊子的活潑舉動外，他還操著一口標準的港普（港式普通話），明明英文比廣東話流利十倍，廣東話再比普通話流利一百倍的他，還偏偏要用普通話和大家溝通。每次開會時，真的很想拍拍他的肩說：「阿鬼，你還是說英文吧！」這種來自外星的港普系統，我真的很難轉譯啊……。

某次在和一家日本藥業公司開會時，這位科學界的梵高大哥，更是讓我一口咖啡差點噴到對面貴客的臉上。

那是個重要的業務洽談會議，攸關我們和這家日商的合作關係。會議的目的，是希望得到他們信任，將品牌授權予我們營銷，這種「貼牌上市」的合作模式，可以加速藥商的新品開發流程，在中國的上市時間，起碼能縮短五年。來自英國、印度、蘇格蘭等各大帝國與殖民地的主管們，已經耳提面命了好幾個月，要我們千萬不能搞砸，這可能是這家公司在他們有生之年內，能看到新品上市的最後機會了。

梵高大哥是我們R＆D部門裡面，專職新品開發的科學家，因此在公司裡面地位崇高，專業素養也高，加上年紀，可以說是「三高」人士。因此他自然一馬當先的自我介紹：「大家好，很高興認識你們，我是Vincent，是這家公司裡面的***雞***生科學人員。」

我雖然也含著一口咖啡不上不下，但結果噴咖啡的不是我，是坐在日本客戶旁邊的中國翻譯人員。那位先生把一口熱騰騰的拿鐵，完整的噴灑在面前的八爪魚（會議通訊電話）上，一邊嗆咳還一邊彎腰「ごめんなさい！ごめんなさい！」（對不起！對不起！）個不停，滿臉羞憤的程度，讓我覺得他轉身就要拿武士刀出來切腹了。

這時我趕緊用手肘撞擊梵高大哥的肋骨，希望可以傷害他的橫膈膜，讓他暫時停止呼吸，然後由我來接手善後。想不到梵高大哥平時常鍛鍊，腹部非常堅硬，橫膈膜絲毫不受衝擊，還以為我是在善意提醒他。「對不起，對不起，哈哈哈，瞧我這港普，不是雞生科學家，是怎麼說？……***豬***生科學家！」

這個時候我決定完全拋開禮讓與耐心，站起來一把將梵高大哥的麥克風搶過來，直接切入正題，討論市場動態與財務測算模型，把剛才那一段談話當作全是幻覺，此時那位中國翻譯人員也恰好咳完，可以正常的翻譯我說的話，而日本貴客們則完全搞不清楚剛剛發生了什麼事。

會後，我拉著梵高大哥大罵：「Vincent! 你剛剛到底要說什麼？」，他則滿臉無辜的說：「我只是唸我名片上的職稱啊。」

我將他的名片搶過來一看，上頭寫著：資深科學家。我說：「Vincent，是**資深**，不是**雞**生，也不是**豬**生，好嗎？」

他依然天真至誠的對著我說：「雞生跟豬生，不是『一毛』一樣的意思嗎？」於是我便徹底的放棄急救了……。

沒想到，在這次鬧劇之後，我和梵高大哥竟然變成很好的商業搭檔，對內分工，我負責行銷與商業，他負責所有科學領域的專業評估；對外溝通，我負責普通話，他負責講英文（絕對禁止他再使用港普）。

梵高大哥其實擁有美國某家理工學院的博士學歷，並具有執業醫師執照，專業素養很高，但更特別的是他對「創新與行銷」的熱忱，常常問我很多問題，諸如：「膠囊要什麼顏色消費者才會感到愉悅？」（是吃止痛藥不是快樂丸，為什麼要感到愉悅？）、「貼布上面如果顯示止痛完成的標示，是不是很酷？」（是說跟手機充電一樣顯示一〇〇％嗎？）……耐心回答完這些問題，讓我慢慢發現他的諸多妙趣，雖然是科學家，但腦筋比一般行銷人員都靈活很多啊。

雖然這些狂想，到最後一個都沒有實現，但現在我每次吃藥時，都會留心膠囊的顏色，要撕下痠痛貼布之前，也會多瞄一眼上頭，有沒有「恭喜止痛完成」的大字……說不定這是來自梵高大哥的設計呢？

當我認識的所有人都從這家公司「畢業」之後，在某次聚會聊天時，得知梵高大哥去了美國的食品藥物管理局（Food and Drug Administration，簡稱FDA）工作，我心中除了默默覺得「適得其所」外，也為他開心，終於，不用再說普通話了啊！

職升機位有限，快速預定指南

- 職場裡有格格不入的感覺是正常的，表示你不是活在同溫層中。
- 越是不同背景、文化的同事，越能激發出不同的火花。
- 找公司裡最邊緣、最陌生的同事聊聊，你會發現很多非主流意見存在著值得學習的金頭腦。
- 抱持著開放的心態，跨部門或跨領域學習，是職場上可以加速學習的一種方式。

04

產業起飛雖過癮，業績壓力也要背得起

在藥廠工作的日子，是充實而快樂的，畢竟終究是為了人類的健康福祉而努力，與我個人三觀相去不遠。但藥廠的工作有幾個特質——研發時間長、工作內容僵固、組織變數多——國際大藥廠雖然就那幾個，卻時常併購來併購去，員工還是同一批人，上頭的公司名號卻換了一輪……有點像孩子還沒生出來，轉眼就要改嫁了。

因此當獵人頭向我推薦星巴克的工作機會時，我是頗受吸引的，想試試看藥商之外的產業，挑戰零售業快速的步調。

而在準備過程中，有賴家人、朋友對咖啡產業的熱愛，喝遍了上海各地的咖啡店，自己也越研究越覺有趣，在面試時我便提出了一份，針對中國咖啡零售市場的策略建議書，讓公司相當滿意。

拿鐵不算咖啡

順利入職後，自我介紹是不可免的，只是未料到「喜歡喝什麼咖啡」會是一門學問，老闆提醒我，拿鐵在「星爸爸」的文化內，嚴格說來不算咖啡。拿鐵不算咖啡？那算是什麼？這說法我第一次聽到。

原來真正愛咖啡跟懂咖啡的人，通常會描繪產地、莊園、處理工法、烘焙深淺、沖泡方式，當然不會一口氣全講，那會變成太長一串話，如：「單一產地瓜地馬拉卡內特莊園日晒法中深焙豆經由CAMEX手沖」，中間哪裡要換氣還得決定一下。真不濟事，直接說 Americano 美式咖啡就行。

雖然如此，公司仍然尊重各種的個人飲品習慣，也有同事直接了當的說她不喝咖啡只喝茶，也因為這樣多元族群的組成，更有助於我們思考咖啡市場的成長空間。

讓我比較招架不了的一點是，雖然並不要求所有人都熱愛精品咖啡，但公司對於「鑑賞、品味與描繪咖啡風味」的能力相當看重，有點像紅酒，你可以不用變成酒鬼，但是品酒的能力要有。只要是超過三人以上的會議，必須輪流準備手沖咖啡請大家品嘗。

公司在每一層樓都設置了不只一處咖啡工作區，擺設器具和場域空間完全仿照店內的櫃臺設計，方便營運部門檢討工作動線，或讓身處辦公室的同事也能體驗店內工作型態，更多的時候就是讓大家嚐嚐當季新品豆，自由的沖泡咖啡。許多辦公室內的同事是由店內夥伴轉調進來，也具有星巴克咖啡師的執照，簡直臥虎藏龍，每次開會，都有好喝的咖啡可喝。

我曾經計算過自己一天喝了幾次咖啡，若遇到高峰日，大概七杯以上跑不掉。早晨時刻在咖啡間，一定會碰到正在泡咖啡的同事，熱情的問你要不要來一杯；接下來的會議幾乎場場有咖啡，如果超級幸運，當天又碰到公司大會，那肯定全員碰杯慶賀，飲乾手中飲料——不是香檳也不是紅酒，是咖啡。直到有天下班，要開車門時，發現自己的手竟然在抖。隔天開始，同事奉上咖啡，我僅淺嘗一口，或者去哪都自備一個最小的 espresso 杯，既不失禮也不浪費。

別叫他店員，是「夥伴」和「咖啡師」

公司的輪調制度非常有彈性，常常會有機會與跨部門的同事共處，更難能可貴的是能和店內的夥伴們一起工作，汲取來自前線的經驗，也因此在擬訂新品上市的行銷計畫時，能得到更實用的建議。

有一次，春天到了，飲品創新部門提出「櫻花雲端拿鐵」的主意，想把粉紅色櫻花瓣形狀的巧克力，撒在白色奶油上，再堆在「馥列白」（Flat White）上，在新品實驗室中端出試飲時，真的很吸引人，片片櫻花撒在白色奶泡上，既美觀又好喝，啜飲第一口時，有漫步在雲端的感覺。大家都認為一定熱賣。

但這時店內的夥伴提出質疑：「櫻花瓣遇熱能撐幾秒不融化？」、「奶泡碰到外帶杯蓋就毀了」、「店內使用的馬克杯沒有那麼高，hold 不住櫻花雲不倒下」、「做一杯起碼要七分鐘，後面客流都堵住了，巔峰時間根本不可行。」最後大家重新調整了製作流程與營銷策略，克服以上問題。

幸好能有具備實戰經驗的店內夥伴們參與新品研發，否則在辦公室象牙塔內瞎忙的我們，很有可能會造成前線夥伴的災難。營業金額短少不說，若是造成顧客體驗不佳或是引發負評，可就危害了整體品牌形象，其損失無法以金錢計數。

這也就是為何這家公司在對內或對外溝通時，從不稱呼前線工作人員為「店員」，而總是稱呼「夥伴」或「咖啡師」。這稱謂不僅反映了他們的專業形象，也攸關品牌的核心理念。面對顧客的第一線人員，就是品牌形象代表。

很多時候，**高層重視店內夥伴的反饋勝於市場的數字，因為那更加即時、真實且具洞察力**。久而久之，夥伴們也更具使命，不認為自己僅是領著時薪的咖啡館店員，而是兼具理念與專業的「咖啡大使」。我認為這是很聰明，也很有效的一種組織文化。

選工作？先看產業，再看公司成長趨勢

欣欣向榮的展店數與業績，不畏艱難的敬業態度，不時品賞咖啡文化，讓

這家公司內內外外，充滿了正面積極的氣氛，有點像進了迪士尼樂園，沒有人不掛著笑容，彷彿每天都沐浴在全世界蒐集來的陽光與幸福下。當時我也如同打了雞血一般，每天都最早到公司，最晚離開座位，就連回到家中，也離不開工作。有時我懷疑自己打的可能不是雞血，而是過量的咖啡因。

有一次在例行的業務會議上，行銷部門和業務部門的人一塊開會，八爪魚的對面，是華北、華中、華南、華東四區的業務總監，當月的同比業績沒有達到成長的目標，大夥一起檢討各區的問題，而回報的理由大概為：「華北下雪」、「華中水患」、「華南颱風」跟「華東流行性感冒」以致客流量下跌。

營運長（Chief Operating Officer，簡稱COO）從頭到尾聽完，竟然一句話不吭，這是極為罕見的事。他是總經理跟前的紅人，聽說由總經理一手栽培，未來將成為繼任者，平常總經理還沒跳腳，他早就搶先一步跳到天花板上，俯瞰群雄，把底下人批了一遍。

原本聽著電話那頭各種說詞而昏昏欲睡的我，最後不是被異響嚇到，而是被靜謐驚醒，抬起頭來時還心有餘悸，暗惱自己不知睡了多久，為何會議室內如此安靜，是不是大家都在盯著我打瞌睡？

大家盯著的不是我，而是手撐著頭，不發一語，也沒人能看得到他表情的COO。此時微信的群組通知聲也從各處響起，電話對方的各區總監紛紛探問：辦公室內的情況如何？COO是暴斃了嗎？

COO緩緩的將頭從雙手中抬起，對著八爪魚吐出以下的句子：「天要下雨，娘要嫁人，誰有辦法，何況我們作業務的？我理解。」

「我理解了，你們理解嗎？**你們是什麼？是業務！不是氣象預報員，不是疾病管制中心，下隕石、黑死病大流行都不關你們的事**，人進不來，你們一個個給我出去發傳單、派咖啡、拉人流！」

接下來他便在共享螢幕的業績表上，將這週缺少的業績，直接堆疊在下週，然後本月目標業績不動。

「做不到的，下個月業務大會不用 call-in 了，我在你們下面區經理隨便找一個上來替補你們，業務部門找人的能力最強，踢走一個隨時可補上！」

微信的群組們通通沉默了。估計各區的業務總監，正忙著向別的小群組布達各式業績補強計畫吧，業務大會雖然痛苦，誰也不想下個月被迫缺席啊。

當天離開辦公室時，已經過了晚餐時間，我在大廳的旋轉門處等候叫好的車，這時看見COO正在門外，手插在大衣內，對著寒風吞雲吐霧，整個人籠罩在一圈圈的白煙內，頗有仙氣。我過去打招呼，問他也在等車嗎？

他苦笑的說，抽完這根菸，就得上樓去**交業務報告給總經理了**。「妳看今天那些人都交給我什麼理由，**我總不能寫成氣象預報或是疾病預測報告，得寫得專業點**。」

大概注意到我也還算公司新人，該顧及一下我的心理健康，便問候了幾句：「妳怎麼樣？天天見到妳，感覺來很久，其實還沒三個月是吧？」

「很好啊，公司文化很開放，同事工作態度也很正面積極，新人感覺很快就能融入。」這是我的真心話。「不過就是咖啡喝得有點多，每天手都抖。」

「這是個問題沒錯，尤其我不喝咖啡。」他回答時態度輕鬆，卻讓我雙眼圓睜，星巴克大中華區的營運長，不喝咖啡？看到我的表情，他耐心的向我解釋：「公司大部分的人都知道，妳還新，所以沒人告訴妳。我的嗜好是紅酒、雪茄，不是咖啡。」

「咖啡讓人亢奮激進，我們的工作環境、展店速度、業績要求已經太過飆速，再喝咖啡，會讓我失去冷靜判斷的能力。我需要讓我放鬆的東西，上班時我最常喝的是紅酒，下次來我辦公室坐坐，那大概是全公司唯一不用喝咖啡的地方。」

車來了，我向他微微躬身致意，他向我揮手道別，同時捻熄手上的菸，轉身進了旋轉門。

就算離開這家公司已久，他那消失在旋轉門後，黑色厚大衣，微駝的身影，還是深深印在我的記憶當中。

在公司呼風喚雨，儼然一代梟雄的他，地位說是上海灘的許文強或丁力都不為過；但撇開公司頭銜，私下的他，也只是被業績壓的喘不過氣的一枚螺絲釘啊！

天天要幫部屬擦屁股，辦公室人都各自回去溫暖的家後，還是要上樓趕報告……在企業裡工作就是這麼一回事，你好像知道自己很厲害，成就了什麼萬丈光芒；但仔細要說，也說不出有什麼了不起的事，**就是數字、簡報、業績，如此而已**（當然依據職位高低，薪水和醫藥費也有高低之分）。

工作這檔事，想開就好，最終都是為了掙得一口飯吃，若想著比吃飯再多一點，可能也就一席社會地位，端看你要什麼樣的生活。

話說回來，能在一家產業前景看俏，業績起飛的公司工作，整體的氛圍還是會好一點，大老闆們的心情好，就算工作壓力大，也是忍一下過得去的那種，不至於公司上下都在一種喘不過氣的凝滯空氣中，是真的久了心理跟生理都會發病的。

年輕人在選擇工作時，我的建議是從喜歡的產業開始，再看公司成長趨勢，如果都是正向的，投身在這家公司才會有正面的回報，不管是金錢、經驗、價值觀上都是。

職升機位有限，快速預定指南

- 對於自己夢寐以求的工作，面試前可以針對該職位，準備一份市場分析與策略建議報告。
- 工作最終是為了掙一口飯吃，或一席社會地位，端看你要什麼。
- 選工作先看產業，再看公司成長趨勢。
- 選產業不選頭銜，體驗充滿希望的正能量，會是很愉快的享受。

第六章

江湖在走，
眉角要顧，打算要有

01 公私要分明，管好你的臉書小地球

接到獵人頭的電話，問我對這家公司的看法時，說實在話，我心裡是很開心的。

這是一家散播歡樂散播愛的速食公司，據說在內地較偏遠的省分，只要有它開張的鄉鎮地方，就代表著先進與繁榮，也是當地「已開發」的象徵。開幕當天，店門口總會大排長龍，地方民眾紛紛表示與有榮焉，有了乾淨寬敞、有空調的用餐環境，還有電視上看得到的漢堡、薯條、可樂，年輕人也有了更多工作機會。

小時候第一次踏進這家速食餐廳時，我也感受到一樣的明亮與愉快，門口雖然總是站著一位紅髮叔叔，笑容令人有點毛骨悚然，但不減整體歡樂的感覺。菜單上還有一種特別的餐，點了就會有玩具，伴隨著美味又快速的食物前來。我喜歡這家餐廳，喜歡它的 Logo，只要有它在的地方，我就感到開心跟安

心，接下來的人生：國中補習、高中K書、大學約會，都離不開這個地方。

它是個與我的成長過程密不可分的場所，雖然有很多分店，不一定每間都完美無瑕，但大都能維持著固定的、在期待值之內的水準。

如果能夠進入這家公司，特別是大中華區的總部工作，某種程度對我來說是一種圓夢之旅，能一窺兒時美好回憶的殿堂，有點像參觀巧克力冒險工廠吧。當然我已經老到不常也不宜吃速食，小孩若是想吃，我也只能睜一隻眼閉一隻眼，但那並不妨礙我對這個品牌熱愛。品牌化本來就是一種對於人的消費選擇賦予意義與黏著度的過程，能為熱愛的品牌從事品牌建設的工作，真是雙重幸運。

新人沒得睡，因為老闆不用睡

在上海工作時，免不了遇到主管就是上海人；在行銷領域工作，也絕對無法避開女性的主管，而這兩個無可避免的命運加乘後，就會得到一個最恐怖的業報：上海女主管。

面試時，C的態度非常的和藹可親，傾身向前，表現專注的傾聽著。她身上帶著一種行銷人特有的征服欲，那場面試到最後給我的感覺是，與其說是她在面試我，不如說她在說服我，不加入這家公司，不能稱自己做過品牌行銷。

當時獵人頭公司曾婉轉的提醒我，C是上海行銷界著名的新人殺手，在她手下的新人，常常入職後活不過三個月，活不過的原因莫衷一是，也沒有活人證言，但是！現在的C已經進化成 2.0 版的C了。在她被COO抗議再也不幫行銷部招聘和做離職訪談，以及CEO也點名部門人事流動率太高之後，變得對部屬極好極友善，不再一言不合便清空後院了。回想起她面試時那樣慈眉善目、笑容可掬的樣子，我心想這哪是 2.0，簡直是打掉重練了吧。

進去的頭一個月，我毫無保留的投入在預算規畫、產品組合、新品上市、價格結構、營運效率上，外加一年有五十二週，就有五十二個大大小小的廣告企劃要拍攝，工作量實在又急又大。除了工作，我也花了很多時間適應公司文化，大家都很忙，沒人有時間交流、溝通，這也沒關係，專心快速把手上事情做完就是了。我忙活得非常愉快，C亦不太管我，我只是負責某些產品線的小小總監，而她是CMO，她要管的業務範圍實在太多了。

進去的第二個月，開始有一些重要的營運模式、新品提案、業績分析報告，需要和高層領導們協商。

會議中我想我表現得也還好，C雖然先前看了我準備的報告皺了眉頭，覺得我不夠「細節而全面性的了解這個產業以及『nuts and bolts』（按：螺帽與螺栓，指工作、任務或任何事情上看似微不足道，但卻不可或缺的基本要領或具體細節）的公司文化」，但也沒有提出更改；她在會議中的態度有些奇妙而冷淡，彷彿從沒看過這份報告，但起碼也沒有當面打槍。其它部門長都熱烈討論，給予建議，並接受了我的提案，會後沒給任何反饋便先離開，反倒是營運長叫住我，稱讚剛才的報告兼具洞察力與「新鮮視角」。

關鍵的第三個月到了，在中國，一旦過了試用期，簽下勞動合約（一般是三年），法律上有嚴格的定義，除非你觸犯了某些法律，否則公司是不能隨意開除你的。這個月開始，C對我的工作產出，不管是產品概念、平面設計延展、電視廣告，提出諸多嚴格且言詞激烈的批評。為了一個雞塊在廣告裡應該跳躍幾下、熱狗堡中麵包散發熱煙氤氳飄散的角度、牛肉堡中生菜上散落的水滴數目……我和廣告公司常常在後期製片廠改到三更半夜、改到喪失理智、改到生無可戀。

導演已經放飛自我，直接杵在一旁吞雲吐霧，創意總監滿臉不爽想一拳揍爆螢幕，客戶總監一職則由這家廣告公司的中國GM親自擔任，是個從總部派來的美國人，一邊苦笑著一邊用英文問候上帝、地獄、母狗與狗屎。C每次要求我們更改變動的地方，可以拿來玩「看圖說說看哪裡不一樣」的眼力遊戲，有時候連我們自己也懷疑這版到底改了還是沒改？

其實在**行銷人的世界裡，面對更改、毫無由來的、來自老闆（主管）靈光乍現的更改變動，是稀鬆平常的事**，不僅是我們，身為乙方的廣告公司自然也是練就了這樣金剛不壞之身。

有時候**廣告人的痛苦與崩潰，是一種演出**，演給甲方客戶看：我已經春蠶到死絲方盡了，你要再榨也榨不出什麼汁來。但是C的本領就是，我讓你弄假成真，演到最後你就能求仁得仁，真心誠意的崩潰起來。

比如，一群人蹲在黑暗的製片室中吞雲吐霧，等待微信傳來「叮叮」的通知聲，打開訊息後就是連續十幾串，每串長達三分鐘的錄音檔，開頭總是「嗯……我覺得你們還是沒有 get 到我的 point（創意總監咒罵：到底是哪個點，是G點嗎？）幾秒到幾秒鐘間那幾幕，沒有傳達到這個產品的意念（導演苦笑：我從來不知道漢堡夾牛肉會有意念），而且整支影片太 propaganda（譯註：宣傳活動）。（這次換我咒罵：牛肉漢堡的廣告目的不就是 propaganda，不然是要去投奧斯卡最佳影片嗎？）」C的反饋我們不但聽不懂，而且因為微信的音訊檔無法轉發，我們只能一堆人對著同一支手機，反覆播放那些留言。

但最後我們還是完成了。經過整整好幾天，沒日沒夜沒靈魂沒希望的煎熬，改出了一個雖然自己仍然搞不清楚改了什麼，但是C突然滿意的那個版本。仍舊嘗試正面思考的我，覺得挺有成就感，心想主管要求甚高，一定是很好的行銷人，難怪人家是CMO，畢竟我們改到多晚，她都能等到多晚，而且馬上回覆，人家也都不用睡的啊。

第三個月之後，C突然對我的企劃作品不再苛求，也不再有奇怪的無法理解的反饋，彷彿在我們之間有某種程度的信任跟默契產生。我想我已經證明自己是能存活下來的，所以贏得了她的認可，而且某一天，她主動加我做微信好友，這代表我們可以看到彼此的朋友圈，我們是朋友（？）。

社群曬幸福，有人不舒服

臺灣人可能對微信較為陌生，微信的朋友圈大概等同臉書的動態消息頁面，而微信朋友圈的隱私設定有點費時費工，如果像我一樣，不想花時間將幾百個聯絡人都分類，通常就設定成開放給全部朋友。在中國，微信不僅是社交工具，更多時候是辦公工具，主管要你做事，給你反饋，跟你要資料，都是透過微信，鮮少用E-mail。C加我微信做朋友，我以為僅是商業的需求，想不到卻釀成一場匪夷所思的業障，不過，也只能說是我「涉世未深」。

我在朋友圈PO出來的日常瑣事，大都是和先生散步、喝咖啡，以及帶著孩子全家出遊，野餐或在家打滾的照片。那就是我的生活，不工作的時候，我就是一個普通的妻子和媽媽，傳遞正能量，一直是我在社群媒體上的調性，生活當然並不總是幸福美滿，我也會有不滿先生的地方，小孩也會有令我氣結的時候，但最後都會過去，每個人都一樣吧。

在我將C加入朋友圈後不久，我發現自己在公司莫名的陷入了一種窘境。

第一，我寄給她需要核准的東西，即便都要過了死線，她總是不回。到最後我只能哀求她的祕書，幫我安插個十五分鐘的空檔，讓我能夠衝進辦公室找她，否則結果不是廣告開天窗，就是我自作主張，兩者都是死路一條。

第二，她開始跳過我，指揮團隊做事，有時召集部門會議，甚至沒有邀請我參加。我常常一個人坐在位子上，狐疑著怎麼整個部門都不在，大家都去哪了？直到他們回來，才告訴我剛開完一個部門預算會議。

第三，也是最讓我忍無可忍的，有一次，她給了我錯誤的數據與資料，要我分析，並叫我在領導會議裡報告。既然數據是錯誤的，結論當然不可能被大家接受，在這當中她竟然是第一個跳出來指出我的數據不對，絲毫沒有提及這些數字的來源。在會議裡我一時不便發作，想不到她更變本加厲：「我不知道這些資料是誰給妳的，但這也不重要。妳不應該責怪給妳資料的人，妳應該責怪自己沒有審查這些數據。」

當時我還沒看過電影《進擊的鼓手》（*Whiplash*），看了之後，覺得C和裡面那位嚴師還真像。原來不是C熱愛栽贓嫁禍，是我太不能吃苦受教，還有我沒有男主角熱愛打鼓一般的熱愛賣炸雞、薯條、漢堡包。

別把老闆當閨密

總是被孤立、被邊緣化、被挖坑……這樣莫名其妙的鬼日子，苦撐快一年後，我找到另一家更理想的公司（事實上什麼公司都比當時理想），所以辭職了。辦離職的當天，團隊幫我辦送別會，酒過三巡，團隊中一名位同事語重心長的對我說：「Elsa，妳什麼都好，就是家庭太美滿了。」這話來得不著邊際，毫無道理。家庭美滿怎麼了？家庭美滿有什麼不好？我想她是喝多了。

後來她繼續說，我才知道，原來，多年前C的丈夫外遇，離開了她，也不願意帶走小孩，所以她一個人帶著兒子生活，撫養他長大。而且在這之後，也沒有再談過感情，她的生活裡只有工作和兒子。

因為工作忙碌（以及個性古怪骨骼清奇），也沒有朋友，當兒子長大去外地念書後，她的生活只剩下工作和自己。這也就是為什麼，她可以跟我們熬到凌晨三點還在回微信，她可以在辦公室裡擺滿了各式的生活用品（指甲光療機、按摩椅、泡腳桶還有行軍床）。

C是孤獨的，C整個人就活在這金色拱門裡，辦公室就是她的家，而這家公司是她的全世界。**我發的每一天朋友圈貼文**，不管多麼稀鬆平常的家庭生活，**在她看來都是一種炫耀與攻擊。這個潛規則暗道理，公司裡的每個人都懂，只有我白目不曉得**，天真不是錯事，愚蠢則是，只能說我錯得滿離譜的。

之後，我再也不加老闆的微信、臉書、IG。唯獨 LINE 和 WhatsApp 可以，因為上面沒有個人生活資訊。我大都用 E-mail 溝通，就算再方便快速，也鮮少用即時通訊軟體聯繫（減少不時的干擾），更遑論分享生活圈。

老闆（主管）會是朋友嗎？當你們不在同一家公司，或沒有匯報關係時，是有可能的。但是有些「有故事」的老闆，請事先打聽他的眉角為何，避免讓他們知道生活中太多的細節。這不僅是人性的問題（雖然不是每個主管都和C一樣，主觀、好強又隱瞞著某種程度的自卑），還是專業性的問題——**老闆是給予你命令與方向的人，是給你考績評分與決定加薪升遷的人，他和你之間是利害關係、主從關係、上下游合作關係……不是互相擁抱，分享心情的朋友。**

辭職過了一個月，新工作還沒上工前，我和找我進入這家「金色鬼屋」的獵人頭喝咖啡，她說：「我很驚訝妳撐了一年，超強的！原本以為妳三個月就會走人！」我啞然失笑，問說早知如此，何必找我入坑？

「我也沒看錯啊，我知道妳是很能撐的人。」她啜了一口咖啡，「現在C又在找人了，她說要找年輕單身的，資歷淺沒關係，沒家累的比較好用。」

又是一個曹七巧戴著金枷鎖，劈殺身邊所有人的故事（按：出自張愛玲的《金鎖記》，故事中曹七巧因為自身的悲慘經歷，使她看見女兒即將獲得她得不到的那份幸福時，很嫉妒，因而親手毀掉女兒的婚姻）。上海人，上海女人，上海的行銷界人盡皆知的成功女人，說到底終究是孤獨的一個人。

職升機位有限，快速預定指南

- 新到職，比專業表現重要的是，趁早打聽到老闆（主管）的眉角與忌諱。
- 別讓老闆知道太多私事，你永遠不知道會踩到上級的哪根線。
- 老闆和你之間是利害、主從、上下游合作的關係，不是分享心情的朋友。

02 多看黑社會電影，讓你在「決策層」中游刃有餘

離開金色拱門不久以後，我被以前的老長官，邀請到一家港商知名飲料公司，負責進軍大陸市場的營銷業務。這家公司非常特別，它的品牌形同於可口可樂在美國，或是統一蜜豆奶在臺灣那般知名，擁有深刻的在地情感連結。不僅在香港屬於家喻戶曉的國民飲品，連帶的在廣東省，也擁有非常高的乳類飲品市占率。這跟地緣關係，以及南方早餐市場的飲食習慣有關係。

從面試開始，HR便告知這個職位屬於管理決策層之一，需要頻繁的出差，考察各地業績。每月必須針對重點市場移地考察一次，每季會在設立工廠的省分，舉辦季度業務大會，並邀請公司主席參與。由於主席便是創辦人，自然對於生產品質抱持最高標準要求，有主席參與的那次會議，除了巡視市場外，也會檢視生產線，大約需要四天三夜。

後來我才知道四天三夜的行程如下：第一天，管理層預先排練，第二天，正式向主席匯報業績，第三天，集體巡視廠房及市場，第四天，端看這幾天出了什麼亂子，會有一些人員被留下檢討密談。

「決策層」和古惑仔是一樣的組織

管理（決策）層開會時，各個部門的主管，通常會再攜帶幾名機要人員一起壯大聲勢，其實就像電影《古惑仔》中，浩南帶著山雞跟幾名小弟出來，和其他幫派喬事情一般。

這一群人浩浩蕩蕩，每個月跑一次不同的省分，其實是一筆相當大的差旅費用，這家公司開會規格特別高端，不管到哪裡，都會在星級大飯店中，租下最大的會議室，將冷氣開到最強，會議桌排成最長的U字形，開上一整天的會，開得每個人出來時都逼近失溫，精神恍惚；而晚上則要找當地能容納最多人的名勝餐廳，好好的以酒和美食來撫慰空蕩的靈魂和胃袋。

頭一次參加排練大會時，著實對這家公司「超前部署」的能力感到佩服。一整天的議程，除了看整體業績，每個部門的KPI，最主要的是針對主席可能會提出的問題，做全方面的沙盤推演。

華北業績短缺，這題誰來答？武漢新廠搭建進度落後，這題誰負責？華東庫存暴增，這題誰來答？你會看到長長U字形會議桌的末端，連人影都看不清的地方，有一隻手無力的舉起。這通常是與會者當中處於食物鏈底端的「基層人員」，也就是真正做事的人，他們要負責回答技術面的問題，而他們的頭兒們則會嚴厲的再補上幾句：「回去後立刻檢討報告！」一看就知道，誰是黑臉誰是白臉，而這些基層人員們則是衰臉……總之在爺爺面前先打一頓孫子，爺爺也就不忍心罵人了，我算是見識到這個中國式教養的套路。

晚餐的局面也很微妙，雖不至於「宴無好宴」的地步，但桌次與座席的安排，在在考驗HR對辦公室動態及各部門生態鏈是否觀察入微。通常第一天晚上，主席和CEO是不在的，由GM主持大局，意思就是一個歡樂暢飲，大夥兒辛苦了，明日好好說話的局面。

D以上的層級（浩南們）在主桌，陪著ＧＭ談笑談酒談八卦，就是不談生意，M層級（山雞們）在二桌，和各區業務們交換著庫存與壓貨的情報。被派去和業務喝酒的山雞們，景況慘烈，菜還沒上，白酒已經灌了三輪，各自東倒西歪，搞不清楚到底是聚餐還是尋仇？

雖然說演練得再密集，百密仍有一疏，某一次的季度會議上，我便親眼目擊一場災難性的傳球大賽。

會議才剛開始，還沒等到ＣＥＯ高高站起匯報季度業績，主席老人家就皺起眉頭，顯示滿臉不開心了。果然，他**老人家今日出門時可能看了黃曆，忌慣例，宜跳** tone，於是整本厚厚的報告書，他跳過了業績表單，直接看顧客滿意度回報（Customer Relationship，簡稱 CR Report），發現〇八〇〇專線部門接獲幾次回報，有消費者說「在飲料中喝到渣渣（沉澱物）」。

要知道這是香港人的精神指標品牌飲料，突然被喝到渣渣是不被允許的！所以老人家打斷ＣＥＯ興高采烈的業績捷報，沉重的問了一個技術性的問題：「這個渣渣是怎麼來的？而且怎麼會那麼多人喝到了，我們還不處理？」

這一切來得太突然，CEO就從很高的地方往下，低頭看著總經理；總經理確認過眼神為「TMD（按：為罵人詞語，即TaMaDe〔他媽的〕）這題為何沒準備」之後，再從比較低的地方轉頭將球拋給財務長（為什麼要看財務長我不知道，可能是因為他就坐在旁邊），財務長好心的把這顆球傳給正確的一壘手研發長，研發長擦擦汗說：「我回去跟廠長研究一下製程是不是有瑕疵，看看如何調整。」

傳球大賽的選手們可能覺得安心，一壘手已經封殺了跑者的進攻，萬事平息了。沒想到主席此時雙眼圓睜，一向梳理整齊的白髮，有幾撮憤然翹起，中氣十足的吼了一聲：「不是看看，是馬——上！」

古時候皇上在朝廷之上龍顏大震，底下朝臣執笏發抖，大概就是這樣的光景吧。雖不至於人頭落地，但主席的震怒，著實讓不少人都血壓上升，平時和樂融融的管理層中，好幾位年過耳順的老臣，個個脹紅了臉，我真心懼怕有人當場中風，畢竟會議室內冷氣太冷，對四肢末稍循環以及心臟的負荷極大，不能大意。

傳球大賽結束後，一席人陸陸續續、灰頭土臉的走出會議室，留下高高的CEO，坐在主席身旁，彎腰恭聽主席用港式英語耳提面命，然後他用美式普通話回應：「好的，沒有問題，這個我會處理。」頻頻點頭。

原以為遭受這頓數落後，管理層的聚餐想必氣氛低迷，食不知味，但我還是見識太淺了，晚餐時，早上還在幾個球傳來傳去的棒球隊，就坐同一桌，一邊舉杯一邊互敬：「有渣很正常，搖一搖再喝就好了嘛！」不僅感情十分融洽，還有一種天塌下來兄弟一起頂著，笑看風雲的英雄相惜感。

而沉澱物這碼事就完全的沉澱下來了。隔岸觀火的我，看戲也看得太入迷，原以為不關我的事，結果隔天，行銷部火速接到一個任務，便是製作「搖勻後飲用風味更佳」的貼標，期限就如主席指示——馬上！因為，主席老人家下週又要走市場了。

這群棒球隊，不去調整產品製程，不去研究配方，反而教育消費者喝到渣渣表示料多實在、口感紮實，你不喜歡？搖一搖渣渣就會不見了喔。我真是越來越佩服了。

會議室就是你的舞臺，不能躲

職場待久了，就能了解開會就是一場戲的真義。有些會議，是該認真討論出解決方案的，而更多會議，其實是一種專業性質的演出。不要小看這些演出，要知道一個演員的背後，需要累積多少深厚的素養。

一場成功的會議演出，起碼有三件事情要能做到位：

▣ 先擒王者：誰是決策者

了解這個會議當中，真正能做出決策的人是誰，而他最關心的事項是什麼。有點像擒賊先擒王一樣，參加一個會議，也要搞清楚中間的「王者」是誰，其餘的配角，沒有必要和他們斡旋，那只是在浪費時間跟體力。

通常只要能抓對時機，針對決策者關心的事項，勇於發言，並作出具體分析與建議，一個會議不僅可以很有效率的結束，也能為你贏得「聰明上道」的第一印象。

▣ 乘勢溝通：別和主流意見對著幹

了解時勢，掌握當前「政治正確」的議題是很重要的，並不是要你玩弄政治，搞小圈圈，但是如果可能的話，乘勢飛行永遠是最省力的。反過來看，**再怎樣理念不合，也不要在單一會議中和主流意見對著幹**，那等於是在別人的地盤挑事。聰明的人會在會議中稍稍表達不同的看法，但另闢戰場和找對贊助者再行討論，局設得好，天時地利人和之下，你的「意見正確」才能成事。

▣ 引導總結：爭取寫會議紀錄的機會

在現代商業環境裡，**會議當中最忌諱的是「保持沉默」，而不是「說錯話」或「表達和大家不一樣的意見」**。一個存在感薄弱的人，很快就會變成「看不見，被遺忘」的人物。所以，參加會議時，除了清楚表達自己意見之外，還要能引導討論，提供建設性反饋，總結並提出下一步行動計畫。

能寫得出一份好的會議紀錄的人，往往會被與會的老闆們視為人才；因為會議結束，大家回去各忙各的，常想不起剛才下的結論或該做的事。唯一能訴諸的就是會議紀錄，而這時你的名字就會被大家深埋在心。**有機會的話，一定要爭取寫會議紀錄的機會**（但要寫得精簡、具行動導向、清楚的責任劃分與期限，最好在一頁之內）。

職升機位有限，快速預定指南

- 管理階層跟黑社會組織一樣，都有頭兒跟小弟。搞清楚利害關係，會讓你在會議桌上更游刃有餘。
- 別浪費時間跟不是決策主要路徑的人爭論。
- 再怎樣理念不合，也不要在單一會議中和主流意見對著幹。
- 會議當中最忌諱的是「保持沉默」。
- 有機會的話，一定要爭取寫會議紀錄的機會。

03 工作讓心好累？中場休息一樣加分

在那家港商知名飲料公司工作的時候，因為公司急於開拓中國各地市場，而必須頻繁出差視察。與其數自己一個月不在家的日子，不如數在家的日子還比較快。

當初面試時，得知辦公室就在愚園路，離住處步行可及之處，這在上海通勤時間一小時算是短小精幹的幅度之下，簡直比中樂透還開心。後來發現，這個辦公室只是幌子，真正的工作場域總在天涯四處。

某天當我頂著宿醉帶來的頭痛醒來，還搞不清楚自己在哪家酒店，四處摸不著手機時，突然聽到身旁傳來打呼聲，這才嚇醒過來，原來我在家裡，旁邊是先生！鬆了一口大氣之後，躺回去繼續睡，再醒來已經是隔天的凌晨。

我整整睡了十八個小時！醒來之後便再也睡不著，無法了解為什麼會這麼累？如果家人醒著時我見不到他們，見著時又都在睡覺，那和我不在家有什麼兩樣？那個凌晨，我坐在床頭看著先生和小孩睡覺的表情，想像他們今天醒著時，說了些什麼話，是開心是難過？

隔天我就決定辭職了。因為我怕他們完全沒有想起我。先生對我的職涯決定，不管是哪家公司，或是要去要留，總是給予支持，所以知道我決定辭職，只說了：「好好照顧身體最重要。」我便開始留家遊手好閒的生活。

什麼都不做，反而是焦慮的來源

當時只覺得，好不容易可以在定點休息，不用每天飛來飛去了，能睡就盡量睡，但睡久了發現還是很累，做什麼事都提不起勁，總是在大家正常活動時睡覺，而該休息時卻睡不著，常常一個人清醒而孤單著。而到了早上，小孩和先生都出門，留下我和整室寂靜關在一起時，便開始感到莫名的恐慌。

那時我感到狐疑，人家說休息是為了走更長遠的路，所以待在家中不是正常的嗎？電影《托斯卡尼艷陽下》（*Under the Tuscan Sun*）、《美好的一年》

（*A Good Year*），不就是直接了當的休息，什麼都不做嗎？後來仔細再看幾次，發現其實人家做了很多事：整修房子、整理葡萄酒園，還有談戀愛……不像我一旦不工作，就抱著 iPad 不願意離開床鋪。

有一天，當我又躺在床上滑手機時，突然收到女兒班導在微信家長群組裡發布的訊息，他們班的英文老師即將去休產假，一時之間找不到替補人選，想詢問家長有沒有熟識的英文老師能前來代課。

我也不知自己哪根筋不對，可能真的在床上躺得太久，影響了腦部血液循環，心想何不試試？便把自己的履歷寄了過去，更令人傻眼的是，隔天校主任竟然打電話給我，問我能不能去試教一堂看看。

試教的那天，主任給了我一本二年級的英文課本，很客氣的說：「Hannah 媽媽，麻煩您待會就先教十五分鐘，這是他們現在的課本，您可以先預習一下，還有，我們這邊盡量都用全英語教學，除非必要，不要跟學生說中文。」

我才想到，對喔，現在國小二年級教什麼我還真不知道，特別是上海的臺商小學，英文程度想必比我們當年難很多，到了那刻我才真正開始緊張，一部分是因為怕不會教，另一部分是發現，自己竟然沒翻過女兒的英文課本，也不知道她都在學些什麼。

臺上十五分鐘，臺下十五年功

一站上臺，臺下黑壓壓四十幾個學生，安靜無聲，張大眼睛看著我，其中還有一對眼睛是我女兒的。我打算萬一開口沒人搭理，我就用英文自言自語十五分鐘，然後下臺回家睡覺，沒什麼損失。我就這樣對著八十幾雙好奇的大眼睛，還有站在最後面的主任、班導、原英文老師，進行了我人生首次的英語教學。那十五分鐘其實過的沒有想像中難，大概是從我自我介紹：「Hi everyone, If I'm lucky enough, I may become your new teacher. My name is Elsa.」之後，整個課堂就炸開了。

小朋友們好興奮，那天我剛好穿了白色的大衣，他們一直問我：「妳是那個《冰雪奇緣》（*Frozen*）的 Elsa 嗎？」、「妳會唱〈Let It Go〉嗎？」、「妳的妹妹叫 Anna 嗎？」……欲罷不能，想叫他們冷靜一下都不行。

想不到幾十年前，英文老師因為我的名字是「艾珊」而取的諧音，幾十年後能為我成功的破冰，換來一份代課老師的工作，真是感謝。

隔週，我就開始了英文代課老師的生涯。教的學生低中高年級都有，有一年級、二年級、四年級，以及六年級的學生，臺商學校的英文課時數非常多，一週有八小時，這樣算起來，我每週總上課時數高達三十幾個小時，我都懷疑自己要變成補教名師徐薇還是什麼了。

第一週，我還能用天然的嗓音和學生交談，到第二週我就購入了小蜜蜂麥克風，以及愛的小手（用來拍黑板），沒辦法，學生們一旦嗨起來，真的要靠一些外力介入的方法來將他們「壓下去」，畢竟我的聲帶只有一條。

學生都非常可愛，很奇怪的，自認不是特別喜歡小孩的我，面對學生，總是挖盡心思希望他們能夠喜歡英文，開心的上課，而且真正學到東西。為了讓我的教學生動有趣，我自費購入一些道具：大型骰子、巨大撲克牌、充氣式棒槌、貼紙、無印良品生字卡、Queen Elsa 印章、加菲貓漫畫、跳繩、霍格華茲學院分類帽、空白處自填獎狀。

印象中最可愛的一幕，是二年級的學生正值換門牙的年齡，全班大都是漏風的狀態，我也不知道英文課本為什麼要在這階段教F和V的發音，有一次我要教他們Fan和Van的不同，要求他們「用門牙咬住嘴唇再發音」，結果全班發出來的音都是一樣的When……。

還有學生舉手：「Teacher Elsa，可是我沒有門牙。」惹得我當場大笑，心想算了，F跟V的分別等你們門牙長齊了再去傷腦筋吧，人生要自己探索的事情還好多哪。

有陣子的教學進度較快，空出來的時間，便去找一些電影放給學生看。針對低年級的學生我便找《馬達加斯加》（*Madagascar*）、《小王子》（*Le Petit Prince*）之類的卡通，中高年級則選了《偷書賊》（*The Book Thief*）。

（按：故事內容是關於一位勇敢的年輕女孩莉賽爾，在二戰時期因環境所逼，被送往德國家庭寄養。爾後莉賽爾的寄養家庭冒著危險收留了猶太難民麥克斯，並將他藏在家裡的地下室。在家人和麥克斯的鼓勵之下，莉賽爾從不識一字到學會閱讀，更對書的魅力難以抗拒，並偷偷撿拾動亂時被焚燒的書，悄悄當起偷書賊，在書本的字裡行間建立起自己的存在價值）。

原本以為這部電影缺乏歡鬧的笑料，情節也有點嚴肅，學生們會坐不住，特別是最後青梅竹馬的小男孩被炸彈襲擊，而永遠的閉上了眼睛，不曉得會不會造成學生的心理陰影。

想不到他們非常認真的看完，有時鏡頭切換太快，還會集體唸起中文字幕，或是要求我重放某個片段。

最後我要求他們寫觀後心得（可以用中文），有幾篇寫到：「我覺得可以識字是一件幸運的事。」、「我覺得那個小男生算是很好的朋友。」、「我覺得女孩的爸爸媽媽最後死掉時應該沒有痛苦。」雖然交過來的只有幾句話，但我已經覺得值得了。

還有一個學生拿著空白的作業紙跑來找我，說他懶得寫下來，但他回去查了希特勒、德國、第二次世界大戰跟猶太人集中營是怎麼一回事，問我：「老師，他們為什麼要戰爭？」我問他你上哪查的，他兩眼一翻：「百度啊。」我心想，這還真不是我能回答的問題，或許問百度也不太適合。

「上課不要看電影！」

我的教學辦公室和所有的英文老師一起，都在二樓的外語處辦公室。有一天中午，辦公室只剩我一人，我啃著早餐留下來的麵包，邊處理桌上堆積成山的聯絡簿。

門外突然傳來緊急的敲門聲，我還來不及應答，就闖進來一個怒氣沖沖的女人，對著我問：「請問哪位是Elsa老師？」

印象中自己沒有欠過什麼鉅款，也沒有惹過哪位有婦之夫，我便大膽承認：「妳好，我就是。」結果是一位家長：「我是Jolin的媽媽。」

「喔！Jolin我知道，媽媽您好，終於見面了。」會把自己女兒取蔡依林名字的媽媽我也好想見一面。

那個小女生我之所以印象深刻，是因為有一次單字聽寫沒考一百分，下課時哭著來找我，我正想要安慰：「人生不用每次都一百分。」她就先開口：

「老師妳剛剛沒唸清楚！」顯然這是老師的發音問題，影響她的完美成績。

等她一開口，我更確定她就是 Jolin 的媽媽：「我女兒說，你們上課都在看電影，看得她頭昏腦脹。妳是代課老師吧？妳要知道，他們英文有分班，Jolin 那班是A班，是資優的意思，懂嗎？課教完了可以繼續教別的，往五年級教都沒關係，不用等B班的進度，缺課本的話，我們家長都願意先買。」

可能是因為我一時傻眼，回答時竟然叫她：「蔡媽媽」。她更覺得我頭腦有問題，鼻孔撐得大大的說：「我姓邱，我先生姓林！」

媽媽氣沖沖離開後，在家長群組裡對我大加撻伐，幸好別的家長對我都沒有什麼意見，而教學主任為了相挺，在群組裡寫了千字文，還PO出我午休在辦公室加班的照片（不知道什麼時候被他照下的），解釋我是一個合格且負責的代課老師，連帶附上我的「授課計畫表」以茲證明。

這一番風波過去之後，每次學生央求我「看電影」，我都膽戰心驚，但又不想剝奪學生透過更多管道接觸英文的機會，畢竟語言是活的東西，而攤在課本裡的都是屍體。

只好再額外準備影前導覽、生字查閱，還要出影後觀感作業，把它當一門大學的「經典電影賞析」在教。其他老師則是對著我說：「何必準備這麼多，現在妳知道我們為什麼只照課本走了吧？」

從冰雪皇后變煮飯阿姨

Amy 老師產後歸隊，我也完成代課任務，分不清楚是我比較捨不得學生，還是學生比較捨不得我。最後一堂課我說我要回去了，底下的孩子們問我：「要回去冰雪城堡了嗎？」、「妳要去哪裡？」真是好問題，我也曾這麼問過自己。

這段代課經歷，是我人生中截然不同於以往的體驗，彷彿不是一份工作，而是一段帶著孩子們探索未來的冒險歷程。

從教會他們十個單字開始，再變成十個句子，再聽十首歌，一起唸十句電影對白……慢慢的，學習的雪球越滾越大，而我和他們都一起身在球心，起身時拍落滿身的回憶。

這是我第一次，為了付出而工作，不計薪酬，卻得到最好的報酬——看到孩子們的成長。我得以每天送她和弟弟上學，課堂上也與她相見，放學時能在教室門口接他們，這在過去是從沒有過的事。

最後一堂課，我實在不知道該如何回答：「妳要去哪裡？」如果可以，真想永遠的留下來。只好說：「我要回去煮飯給 Hannah 吃。」想不到學生如同深水投彈炸開了一般：「什麼？妳是 Hannah 家的阿姨？」竟然還有人附和：「我就知道！我常常看到 Elsa 老師接她回家！」

從城堡中的冰雪皇后變成女兒家中的煮飯阿姨，其實也沒有什麼不對。孩子們你們真有先見之明。

職升機位有限，快速預定指南

- 中場休息對職場的重要性不亞於上場全力拚搏，適時轉換跑道，能讓你對未來更有信心。
- 只是休息什麼都不做，反而是焦慮的來源。
- 休息不是家裡躺，而是嘗試沒做過的事，學習沒接觸過的領域。
- 在職場感到疲累時，可以多花點時間和家人或朋友相處。真正的人生多半在辦公室之外。

04

企業隱形文化——老闆沒說出口的更重要

經過代課老師這個有趣的 career break，我沉澱下來回憶自己近二十年來的外商生涯，前後算一下，我竟然待過七家外商公司，當然性質不盡類似，除了英美法商，也有美商臺骨和港商，但起碼都偏向自由開放的文化。

不同企業不同隱性文化

每家公司宣揚的價值不同，有些在企業網站上可以查到，或者入職時的新人手冊上也能一窺究竟。但有一些特殊而隱性的公司文化，是無論如何，獵人頭說不清楚，HR不肯明言，還在裡頭的同事有苦說不出，已經離開的畢業生們更是「莫再提」的。而這些未能充分揭露的資訊，往往能決定八〇％的新人，能不能撐過試用期，或是以體質不適、八字不合之由而悵然離開。

這些大企業的公司文化，只有實際走過一遭的人，才會告訴你事實的真相，只能說**真相就在糊在牆壁很久的壁紙之後，要等足夠久的時間，等壁紙的某一角翹起來，才能掀起來看背後是什麼**。在此擷取總結一下我遇過的幾種隱性公司文化給讀者參考，為了避免不必要的情感創傷，在這暫時用代號稱呼，也請大家理解。

▣ 藍色城堡：人沒野心天誅地滅

在這家公司的「不升官就走人」制度之下，每年固定會有一五％的人被檢討，而只有一〇％的人能升官，剩下七五％的平庸百姓們自然會乖乖摸鼻子找出路。

好處是公司訓練很棒、待遇很高、預算充足，熱愛品牌行銷的話做起事來相當過癮。所以，如果你想要留下來，必定得表現得非常激進與激動，才能成為那一〇％的人上人。

▣ 法商美麗事業：智慧就在表皮上

這句不是貶義，因為這就是一家銷售美麗與寵愛的公司，而且旗下都是全球知名的美妝品牌，如果在裡頭工作，卻整天蓬頭垢面、素顏朝天、眼線不勾、眉毛不畫的，未免太沒說服力了。所以裡頭的女性（或生理男性）不僅有智慧，而且更致力於美麗，從外到內的完美……有的時候不得不承認，這家公司的女人極有潛力成為全世界的主宰。

▣ 美商臺骨：賣消費者需要但不好說的

這家公司最著名的品牌，也是全公司傾上下全力護航營銷的，就是那個我們從小到大都用過的嬰兒用品，也代表這家公司的核心價值，有點像「起家厝」那樣。但不幸的，臺灣是個全世界生育率最低的地方，一千個人裡面才勉強生出一個嬰兒，這個品牌自然無法承擔起公司業績的重擔。於是，真正有獨特利基的牌子，其實是治禿頭、口臭、供性交潤滑的，但不得不說，行銷做得非常好，賣的東西雖然不好說，但是消費者買起來還是挺開心的。

▣橘色藥廠：請擅長簡報迷幻術

在本篇稍後會全力介紹。一家號稱「做得更多，活得更久，感覺更好」（Do more. Live Longer. Feel Better.），猜猜看這些動作的「主詞」都是誰？

▣歡樂拱門：我們就是小丑

聽過〈小丑〉這首歌嗎？「啟幕時歡樂送到你眼前，落幕時孤獨留給自己」，這句是在歌頌一年有五十二支廣告要拍的行銷部門；「是多少磨練，和多少眼淚，才能夠站在這裡」，是指每天要操作幾百次訂餐的櫃臺服務人員；「小丑，小丑，是他的辛酸，化作喜悅，呈獻給你」，則是指老是坐在店門前的那位叔叔，但它已經是全公司日子過最歡樂的人物了。看看那些在總部不眠不休拍攝雞塊跳來跳去，漢堡疊來疊去的行銷人員，不就是金色拱門下的小丑！

▣港式豆奶：請得乳糖不耐症

這家公司很妙，在估算整體市場潛力時，總是把全中國有喝牛奶習慣的人群歸納進來，自然那大餅就畫得非常之大。但是一個人早餐一旦喝了鮮奶，還能喝得下豆漿或豆奶嗎？至少我喝了咖啡之後，短時間就不會再喝烏龍茶了啊。所以我在猜，其實他們非常希望每個人都得乳糖不耐症。

▣ 綠色美人魚：拿鐵不是咖啡

拿鐵是這家公司熱銷的品項，尤其是馥列白。若進這家公司，介紹自己喜歡喝的咖啡時，請不要說「我不喝咖啡」，也盡量不要說「拿鐵」。公司裡的人有單品咖啡迷思，任何加了牛奶、豆奶，或抹茶的都不是咖啡。應當盡量說明咖啡豆品名「西達摩」或「藝妓」，最好再加上沖泡工具以及曝晒技法，比如：虹吸、手沖、濾壓、日晒、水洗、半日晒……才稱得上熱愛咖啡。

簡報做得好，人生沒煩惱

在前面提到的幾間公司中，最讓我獲益良多的，是來自這家號稱「Do more.

Live Longer. Feel Better.」的藥廠，除了對人類健康、製藥工藝以及科學發展不遺餘力之外，公司內亦呈現對簡報的高度熱愛，這項對簡報工藝的執著是我在別家公司前所未見的。除了版面設計、格線對齊、字體大小顏色，甚至Logo放置處……都有公版規範，而且由HR部門統一發出，根據不同的用途，還有不同的主題版面可供選擇。

簡報範圍，除了日常業務報告、計畫進度追蹤、部門布達事項，還有月度／季度／年度計畫，更可怕的是年度計畫除了下一年，有時還要做到十年之久，每天做著簡報，看著裡頭飛來飛去的動畫和數字，覺得自己根本就在皮克斯動畫工作室（Pixar Animation Studios）裡，還必須兼具占卜未來的技能。

設計這些公版的人才，就是高高在上的全球總部大主管們，對我們來說大概就像玉皇大帝，及其他生活在雲端裡的神明們一樣遙遠。眾神理所當然不做簡報，祂們只是「設計」簡報，其餘的便留給身在人間或無間道的我們完成。同事們每天看著公司的標語——「Do more. Live longer. Feel better.」，都戲稱是「We do more Powerpoints, our company lives longer, our bosses feel better.」（我們做更多的簡報，公司活得更久，主管們感覺更好）。主詞終於搞清楚了！

在這家公司才短短兩、三年的時間，我的電腦裡就已經存了不下幾百份各式用途和版本的簡報檔，但不可諱言，這也造就了我之後做ＰＰＴ的神速與精準，雖然不能說版面一流（該公司比我出彩的排版天才大有人在），但通常能清楚的在十張投影片內，說完所有要說的事情。**天大地大，沒有大過十張投影片講不完的事情，如果能這樣想，人生會變得簡單很多。**

「試用期」請視為「同居期」

如果說，公司文化就是那種必須以過來人的身分走過一遭，才能知道冷暖的隱藏版現實，那還在試用期當中的菜鳥，應當如何盡量理解現實？

建議大家**不要把試用期當成「向公司證明自我」這種以下對上的關係，而應當視作平等、對等的伴侶關係，也就是當作「同居期」**。這段時期不僅是讓公司來衡量你是否能勝任，你也應當好好審視這家公司各個地方，值不值得託付終身，**多聽、多看、多學，而不要一味的埋頭苦幹**。

就如同婚姻一般，「婚前看缺點，婚後看優點」，試用期（同居期）亦是如此——盡量挖掘這家公司最讓你受不了的地方，然後當三個月、六個月後，挺過去了，再檢視自己是否有所收穫。如果答案是肯定的，那就是一件值得恭喜的事情，表示你不僅能包容這段關係裡最難以忍受的缺點，還能從中間獲得正面能量，這家公司便是你能以身相許，長久經營的關係了。

職升機位有限，快速預定指南

- 每家公司都有其文化與不成文規定，與其抱怨，不如幽默相對。
- 天大地大，沒有十張投影片講不完的事情。
- 將試用期視為同居期，多聽、多看、多學，不要只是埋頭苦幹。

第七章

人生下半場，轉身圓夢為自己

01 當主管要有「被討厭的勇氣」

在上海的最後一年，我都在當快樂的代課老師，也因為這個機緣，讓我對人生未來的生活，起了全新的想像和期待，和過去近二十年追求職涯快速直升的心態，迥然不同。但是，因緣際會，也因為我退隱江湖的心不夠堅定，我又非常榮幸的被邀請到一家高尚又奇妙的公司工作。

在這裡工作得到的種種體驗，只能說是平凡無華的我，當真三生有幸——非常高級的職稱、非常高檔的室內裝潢、非常高調的工作內容，加上全臺最高的樓層。

這間位在天龍國蛋黃區內的辦公室，若當成套房出租，可以收取等同於一個普通上班族月薪的租金。即使不當套房出租，光是窗外遼闊的視野，以觀景臺成人的票價計算，其實我每天看的風景也可以收取不少錢。每當我這樣想時，耳邊就彷彿聽見錢噹啷滾進的聲音，感覺自己是全世界最富有、最會賺錢的人，每分每秒只要呼吸都有錢滾進來。

門外傳來的敲門聲把我拉回現實，是我的祕書，一個穿著日式上班服裝的年輕小女生，應該不超過二十五歲，一看就知道應該是U牌開頭的國民上班服，她手上拿著厚厚一疊紙張，擱在我桌上時說：「協理好，這是您今天的行程以及會議資料，您第一個會議將在十點開始，是跟商場事業部的劉副總會談，第二個會議在十一點半，是跟大樓安全管理部的許協理會談，中午我留了一個鐘頭的時間給您休息，下午第一個會議從下午兩點開始……」若不阻止她，我覺得她可以站在那邊把我一個月的行程都宣告完畢。

老闆不是人，只是職稱

由於這是我第一次在非外商公司上班，也是第一天就職，所以非常的不習慣同事稱呼我「協理」，彷彿我不是一個人，沒有名字跟形體，我只是一張印著頭銜飄在空中的名片，名片飛來飛去而且會開口說話，就像《哈利波特》裡的咆哮信一樣，而我也不知道要怎麼回應，難道我要說「免禮平身」嗎？這的確是本土公司與外商公司最大的差別，階級、職稱、職等都是非常重要的，你可以不記得長官或別的部門同事的名字，也可以不記得他們的姓，但是千萬要記得他們在公司的職稱。

她每次進來都要敲門，就算門是敞開的，她也要站在門外，敲三聲後等我說一聲請進，接著她會說：「抱歉打擾了」，這是繼「協理好」之後出現第二多的關鍵字。

她：「協理好，抱歉打擾了，請問您午餐要吃什麼？」

我：「不用了，我自己買可以的。」

她：「協理好，抱歉打擾了，請問您待會三點有時間跟商場部潘經理會面嗎？」

我：「有，她有寫 E-mail 問我，我已經記在我的行事曆上了。沒問題。」

她：「協理好，抱歉打擾了，待會跟董事長和貴賓們的午餐會在八十樓的欣葉，我會提前十分鐘帶您過去。」

我：「我可以自己去，就坐直達電梯而已。」

這樣的「對峙」大約持續了一週，我開始覺得這樣一直「不用麻煩了」的拒絕著，其實正造成她的困擾。會不會這就是這家公司的文化，也是她一直以來的職責範疇？就是以一種尊敬專業的態度照顧好主管，而**這些主管們泰半可能不是失智就是大頭，或者眼睛真的長在頭頂上，像這樣的生理缺陷的確需要一個好的看護**，而她真的非常盡責。

第一週過後，我覺得我有責任讓她了解我的身心狀況，或者有必要的話提出我的健檢報告，以示我是一個神智清明、四肢健全、主動脈跟大腦思考迴路都還算通暢的一般人。

我對她說：「Belinda，別叫我協理，叫我 Elsa 就好，我的行事曆跟午餐可以自己安排，會議資料也不用幫我印出來，我帶著筆電就好。」

小祕書瞪大了雙眼，一瞬間那個表情有點泫然欲泣的感覺，警醒了我。的確，我沒有想太多，如果這些東西我都可以自己做，那麼她要做什麼？這家公司的祕書，就是在做著這樣的事情啊！我是不是某種程度傷害了她，暗示她我對她的看護服務（雖然才一週）並不滿意？不管在職場打混多久，讓年輕人受到沒意義的挫折或誤會，仍舊是我最在意，也最不願意犯下的錯誤，我腦筋快速的動著，想著要怎麼補上這自己捅下的婁子。

「我……我在想，妳其實很年輕，可以學著做點別的事情，比如……？」

比如什麼呢？這個部門平日也沒有什麼事可做，一年就一件最大的專案發生在年底，其他時候就是在準備這個專案的前置作業。某種程度就像子宮的角色，從胚胎著床後一直到分娩生產，這當中也沒什麼別的好做，就是一天一天的等著那胚胎長大，胎兒一個月一個月的長得越來越大越齊全，時間到了嬰兒就生出來。這樣的比喻很奇怪，不過大概就是這個部門的工作內容以及形式。

子宮不需要消化食物、不需要分解毒素、不需要過濾空氣，在等待生產的時候，子宮也沒有別的事情做。可能是因為尷尬與緊張，那時我腦子裡充滿這種怪奇的思緒，然後從懷孕生子，我就想到了——媽媽手冊。

「我覺得妳可以做專案管理！」對了，媽媽手冊就是每個月、每雙週，到最後每週，都詳實記錄著胎兒與母親的狀況，某種程度，媽媽手冊就是專案管理手冊啊。

「我們到年底的大案子，牽扯的外部合作方與資金方非常多，公司內各個部門也要協同進行，需要一個專案管理的人，連接各方的合作關係與監督工作進度，適時的提出警醒，並且定期召開專案進度會議……。」

我滔滔不絕的說著專案管理的重要性、理論與技巧；一邊幻想著她從一個看護型祕書，搖身變成條理分明的專案管理人才，而且未來不管在此處或是別處，都有更大的發展空間。

我這不就是一個最好的主管嗎？挖掘部屬的潛能，促使他們成長，開啟未來職場更多的可能性。我想起第一個老東家的箴言：人才是公司最佳的資產（Talent is the best asset to the company.），而我正在為這家公司增資。

「協理好，我沒有那樣的意願。」小祕書日光炯炯，堅定的直視我。「我對專案管理沒有興趣，協理您不需要我幫忙的地方我可以不做，空閒的時間我願意幫部門同事處理行政事務，或是整理部門資料跟倉庫，沒有問題。」原來她並不是泫然欲泣，她有她想說的話，而現在換我瞠目結舌了。

大概我的表情讓她有點於心不忍，這場對話是一場直球對決但互相心軟的投打之戰。「我還是會稱呼您協理，因為我也要稱呼其他長官副理、經理、協理……我只是一個專員，對誰都要注意稱謂，這是我的工作需要與專業素養。稱呼妳Elsa，卻稱呼別的長官職稱，對我來說也是一種困擾跟不協調。」

我忘記她是怎麼結束對話，退出辦公室並帶上門的。對著螢幕、對著窗外那灰色叢林的大臺北盆地，我想被稱謂綁住的人其實是我。對她來說，只要記得與說對每一個人在這家公司的標籤，就是工作，就是專業。

標籤上的字雖然不一樣，但標籤的分類方法與認知方式是一樣的，我不用管你姓啥叫啥英文名字、小名是啥，我沒時間認識你跟了解你，你只是一張名片，組織圖裡的一個方格，辦公室中坐著的一個常常需要被提醒要開會的形體。我沒有權利，也沒有那麼特殊，能夠得到她的認識與關注。說著：「叫我Elsa就好。」是一種「屈尊就駕」的態度，說實在話，我憑什麼？

祕書不是白頭宮女，閒坐不止說玄宗

接下來的幾週，我們以奇妙的方式共處，她照常每天早上九點敲門進辦公室，報告一天的會議行程，照常「協理好」、「不好意思打擾了」，照常跟我說別的部門的誰誰誰想要約我會面，只是不再幫我列印、買中餐、帶我去坐電梯。而我則是「請進」、「我知道了」、「很好」。我不再走出辦公室倚在她辦公桌旁交代事項，換用桌上電話打分機號碼：「陳祕書請進來一下」。但是每天中午，我去這棟大樓唯一的一間便利商店打發午餐時，會再帶一瓶綠奶茶，回來後放在她桌上。之前每天在她的桌上我都看到過，所以我猜她對這有癮。

在這家公司時我很少加班，某一天非常難得的，跟廣告公司開會開得晚了，一看時間已經超過晚間八點，部門早已沒人，我關上辦公室的燈與門，搭上那沒完沒了的高速電梯，從這棟金錢堆砌起來的高聳巨獸中走出。

「Elsa!」一聲興高采烈又宏亮的聲音叫住我，會這樣叫我的，讓我以為應該是之前別家公司的同事。瞇著眼仔細看了好久，如果不是還記得她早上的衣服，我不知道原來這個人就是小祕書。蹲在這棟大樓唯一的吸菸區，她笑眼盈盈的斜眼看著我，一口一口噴著菸。這個放超開的形象與她平時專業嚴肅緘默的模樣大相逕庭，我以為自己眼花，還是她喝酒嗑藥被鬼附身，總之這是怎麼了？

「來一根嗎？」我搖頭。

「沒認出我喔？」我點頭。

「妳好好笑。」我歪頭。我，好笑？

「我知道妳人好，也知道綠奶茶是妳擺的，妳真是大方的主管。」她站起來拍拍發皺的褲管，「我在等我男朋友下班，他也在這棟裡面的會計事務所，他說今天可以早點下班所以我就在這等。」

「喔喔。」我實在不知道怎麼反應。「妳還要等多久？」

「誰知道，他們那家公司，不把員工的肝都換過一輪不會放棄。錢當然多很多，但命也短很多，笨蛋才做那種工作。」她呼出一口菸，「抽完這根，他再不出來我就先回去了。咦？妳趕時間嗎？不然陪我聊一下。」

時間這種東西就是，當你無聊透頂時，就會想趕快逃離到別的地方去，而當你遇到絕世妙景時，時間本身都要暫停下來等你看個夠。不，我不趕時間。

於是她就吧啦吧啦的在一根菸的時間內，把公司每個部門的祕辛，從上到下的擠兌，大頭跟大頭不和、誰是誰的人、誰得罪過誰被冷凍到哪裡、誰最會推下面的人去死、誰最衰背了黑鍋從此不得翻身……種種不能說的祕密，毫無保留的通通告訴我了。從此我就像被開了天眼一樣，對於這間公司裡看不懂、看不到、看不透的東西，突然都理解了。

「還有，年底那案子，妳根本別操心。」她把菸蒂壓熄，看看手錶，向我揮手表示要走人了。「該發生的事，就會有人讓它發生，這還有什麼好管理，天要下雨，娘要嫁人，管不到！」真是警世箴言，想想事實也是如此。

後來因為某些原因跟原則，我在年底的案子發生之前，就離開了這家公司。最後一天，她幫我收拾細軟雜物，送我出如巨獸大口的大門時，對我說了聲：「Elsa，保持聯絡！」我們開心的彼此揮手致意。

在這間公司，沒有人叫過我的中英文名字，連姓都很少帶到。我想因為某些理由，她願意穿越職稱，嘗試結識職稱底下的我，或許也稱不上結交，但是這對我有某種程度的重大意義與開心。或許未來有一天我會找她出來聊聊吧，雖然不會抽菸，但我願意再陪她一根菸的時間，聽聽灰色巨獸內的怪奇實錄，和問她戒掉綠奶茶了沒，那熱量真的好高。

職升機位有限，快速預定指南

- 當主管要有「被討厭的勇氣」。
- 對部屬而言，老闆不是人，只是職稱。
- 職場不是交朋友的地方，別一廂情願期待別人對你掏心掏肺。
- 人有各種面孔與志向，眼前所見的，不代表真實的生活與想法。

02 想離職？是不喜歡，還是不適應？

要跟很久不見的老同事約吃飯，似乎沒有那麼容易。因為有一陣子比較空閒，想起了之前和我一樣，在外商公司工作大半輩子，最後卻誤進較為傳統的產業中，擔任管理層要職的前同事，就叫她Sam吧。

記得上一次吃飯，就約在彼此都深陷其中的那棟灰色巨獸。Sam和我彼此抱怨，有多不習慣臺灣傳統產業的環境。

被祕書綁架的老闆

言必稱頭銜、開會沒效率、決策過程慢，都是我們覺得不適應的地方，而她比起我更深切感喟的原因，在於她是一個事業部的主管，雖然事業部不大，但也配有一專屬祕書和司機，待遇很好，一般而言應該開心有這樣的殊榮，但她卻非常排斥。

「要找我開會，一定要透過我的祕書，我要找人開會，也要透過她，感覺好像被監控了。像今天中午要跟妳吃頓飯，走出辦公室還被我的祕書問要去哪裡？幾點回來？到底我是她主管，還是她是我老闆？」

的確有點誇張，比起我那個堅持要稱呼我頭銜的祕書來，控制欲更強。

「偏偏她又是公司的元老級祕書，之前是跟著總經理的，說是總經理的行程太忙，她年紀大了跟不上，調來我這小事業部，又嫌這裡事情不夠多，什麼都想管。又常跟司機吵架，約好了幾分在大門等，司機等不到我們，又不能臨停，多繞了幾圈，也被她罵，我都還沒開口。」

這到底是她的祕書、經紀人還是老媽啊？是公司文化還是個人風格，不能反饋調整一下嗎？

「有啊，前幾天我跟她說了，大概也是妳跟妳小祕書說的那樣，很多事情我可以自己來，會議邀約、餐廳訂位、管理行事曆那些的，一個 outlook 不就都做得到？」

「那她怎麼說？」

「她回答得可絕了，她說：『妳做得到，但不一定做得得體。』我的媽啊，得體都出來了，我這是在外交官還是大使館工作嗎？」

接下來她便在沙茶牛肉燴飯、藍莓奶酪和美式咖啡當中，如戰地記者一般激動的報導她跟這位元老祕書的斡旋。坦白說聽起來很慘烈，很像剛入宮就被老宮女控制的妃子，再不申冤可能會從此被囚禁冷宮吧。

咖啡見底時，店員走過來問要不要再續杯，她趕緊轉動手背，看一眼卡地亞的坦克腕錶，驚慌的說不行，兩點要準時回到辦公室，因為「老宮女」約了要和她匯報下午的會議行程。

第一次聽到主管急著回辦公室，是因為祕書要她回去的。我問她：「妳覺得她是不是很想做妳的工作？」

Sam 翻了一下白眼，濃密精美的睫毛眨動了好幾下，對著我說：「我拜託她來做我的工作，來到這家公司，除了每天被叫方總請開會，開會時聽話點頭，根本沒做過什麼事，我已經好久沒開辦公文件了，連信都不用回。」

真的是武功全廢啊。不過，雖然聽起來像是都市傳說，很多時候在這樣的公司，高級主管的確是什麼事都別做的好，話也別多說，單是出席會議就是一種工作，這我可以理解。我想起過去和 Sam 同在職場裡，她一個人能統整資料、分析建議、簡報技巧快狠準，時間管理也強，是非常出色的人才，頭腦和溝通協調能力都很好，她真的準備好過這種半退休式的生活嗎？

晉升層峰，開始自廢武功

距離上次碰面吃飯大約也有一年多的光景了，我又想約她出來碰面聊聊。現代人約吃飯的方法，大概就是用社交軟體「敲一下」，如果真有誠意，問一句有空吃飯嗎？接下來應當就水到渠成，那天我用 LINE 送給她一個笑臉，也問了句：「有空出來吃飯嗎？」接下來，就大約被晾置了快半個月，不是「已讀不回」，而是「未讀」。我心想她大概真忙，訊息太多，連打開都沒機會，那就過陣子再找她吧。以我和她多年交情，不急著吃一頓飯，閒事慢敘即可。

有一天下午在信義誠品閒逛，突然被叫住，轉頭一看，原來就是 Sam。不等我問怎麼沒回訊息，她倒先發制人了：「我最近正想找妳吃飯！」。

看我一臉狐疑的表情，她好像知道有什麼曲折，有點尷尬的說：「妳是不是最近有找我？」我點點頭，默默祈禱她不要得了阿茲海默症。擇日不如撞日，一個是不用上班的無事人，一個是不用開會的蹺班族，我們兩個倒是成功的約成了一次咖啡，暢暢快快聊了一下午。

經她一解釋，我才恍然大悟，自己為何遲遲得不到回應，差點以為被封鎖。原來這位大小姐已經徹底的過上「方總」的生活，公司手機由祕書接聽，行事曆由祕書安排，連 LINE 通訊錄都由祕書幫她看。我大驚：「這也太誇張了，妳讓老宮女管妳的 LINE？」

「沒辦法，我一天到晚在開會，我們公司開會很嚴格，董事長講話，底下不能有手機的，我只好讓老宮女幫我看著 LINE，有什麼緊急訊息先幫我記下，等我從會議出來再一個個回。我有交代她，只有前頭有標記『公司』的聯絡人或群組才幫我看，私人的不要看，但是一下子訊息太多，我自己也很難往下檢查還有哪些訊息沒回。」

據她說，她們公司熱愛用 LINE 溝通，以她這個職位的主管，連 E-mail 都很少發，若真有需要，她都用口述，讓祕書發出。

「不會吧？打個字有那麼難嗎？」這在我看來是極度不可思議的事情，她好手好腳，竟然將祕書當 Google 語音輸入用，和以往我印象中獨立萬能的 Sam 截然不同。在我看來，毫無獨立行動能力，簡直跟人彘（按：比喻遭受殘酷迫害的人）差不多了。「妳還好嗎？」

口嫌體正直，美好人生能過且過

她誠實的跟我說這一年來的生活。一開始，因為非常不適應這家公司各種的「官威」或「官樣文章」，工作上既無挑戰也無產出，彷彿每天去公司就是列席開會點頭即可，她覺得很鬱悶，卻又不想輕易換工作，曾經茫然失措好一陣子，到最後還去做心理諮商。

她說是諮商師問了她一句很經典的話：「妳覺得自己究竟是不喜歡，還是不適應？」並建議她接下來三個月時間，好好體會這份新工作，以開放心態，不加主觀判斷，列下喜歡和不喜歡的地方。但這喜歡和不喜歡的清單，必須每週省察，視情況變動，直到三個月後再來討論。

想不到這三個月的時間，當她真的以一種中立客觀的心態，觀察自己的工作，原本不喜歡的地方，慢慢以另一種形式變成喜歡的地方，而最終這份工作得到逆轉勝。

比如說：「決策過程慢」或「無獨立決策空間」，原本是在清單的反方，最後轉移到清單的正方，化身為「決策風險低」；「成為列席會議機器」，轉為「會議準備需求低」；「工作一成不變」轉成「時間更好安排，可預測性高」……最後，正方條列的越積越多，還出現了「準時上下班」、「不須回電子郵件」、「下班後瑜伽課從不遲到」……就連老宮女的干涉都變成了早午餐有人照料。

這些話，聽在一般上班族的耳中非常不悅，天下哪有這麼好的工作，這還需要心理諮商師來告訴你「打開心房接受它」嗎？

但以我了解 Sam 的程度，我知道這非常不同於她以往對自己的期待。她一向自詡為職場菁英，希望能做出亮眼的成績，絕對不甘於接受這樣半退休的狀態。肯定有些經歷讓她心態有所變化，如今也只是順勢而為罷了。

她這才一股腦的全盤托出，當初會離開我們兩個都曾待很久的那家公司，其實是因為後來身心出了很大的狀況，除了自律神經失調、失眠、急性蕁麻疹，也診斷出憂鬱症。當時她以灑脫的姿態告訴我去度假了，其實都在醫院裡度過，就算出院了，也待在家中，遲遲不願出門。長期累積的各種壓力，過高的出差頻率，到最後都由身體來誠實的告訴她，這樣的生活再也過不下去了。

記得當下在聽聞這些往事時，我的心情是非常不捨的，因為這些狀況和掙扎，在我身上也曾發生過，只是**在職場上，就算是朋友，大家也都互相逞強著，只願意笑，鮮少將脆弱一面流露出來**。

這也是為什麼，當她休息了好一陣子之後，再出來工作，會選擇一家非常保守而穩定的傳統公司，這是為了維持長久身心平衡而打算的，而一開始感受的種種不適應，只是因為心底仍舊沒有放棄闖出名號的欲望。

諮商師給她的勸告確實有用，時間久了，沉澱下來後，她的確只是不習慣這樣的工作，而不是不喜歡。事實上，不給足夠的時間，哪有機會去體會截然不同的人生呢？或許，我們都不是自己原先設想的那個人，如果不能誠實的和自己對談，面對變動，我們將永遠惶惶不安，覺得所歸非處吧。

一席下午茶結束，我驚訝於「老宮女」沒有催她回辦公室。

「我現在跟她混熟了，她知道，如果四點以後我沒回辦公室，今天就不排會議了。」她一邊搶著付款，一邊用電話聯繫司機到哪個出口等她。互相道別時，她交代我下次要約，用臉書 messenger，她絕對看的。看著她悠閒離去的身影，對比從前總是神色匆匆，肅殺緊繃的氣場，真心覺得這才是適合她的生活，特別是經過那一段身心崩潰之後。

事情若能這樣圓滿落幕就好了啊。幾個月後我接到她的訊息，竟然是用 LINE 傳來的，上頭兩行字：「二代上位，公司改組，事業部收起，得再找工作了……吃飯！」

這江湖，究竟有沒有全身而退的終局，還是只是上班族人人有夢過，個個沒把握的一種神話呢？

職升機位有限，快速預定指南

- 一帆風順也許不是好事，成功往往使人偽裝成不是的那種人。
- 職場上，大家都互相逞強著，鮮少將脆弱一面流露出來。
- 我們都不是自己原先設想的那個人，如果不能誠實的和自己對談，面對變動，我們永遠覺得不安，覺得所歸非處。

後記
人生每天都是減法，有夢就勇敢追

小時候一定會被問到的問題就是：「長大以後想做什麼？」在我還小的時候，社會上職業分類還很典型化，沒有什麼YouTuber、自由工作者、創投家或眾籌發起人這樣聽起來很酷炫（但不知道內容是什麼）的職業。通常小學生在被問到這題時，都會以自己比較喜歡或擅長的科目來回答，畢竟年幼的我們也有個隱約的認知「長大是要賺錢養活自己的」。所以當被老師問到這題，最喜歡閱讀課和寫日記的我便回答：「我想當作家。」

老師微笑著對我說：「很好啊，很有勇氣喔。」回家後我告訴媽媽，我長大想當作家，老師稱讚我很有勇氣。媽媽睜著大眼瞪著我說：「當作家？妳會餓死！」

不確定是不是因為這則童年回憶，一直以來我看到作家的照片，總覺得每個人都很清瘦，仙風道骨，感覺平日都飲雪水吃野莓，真的鮮少有豐腴肥沃的身形。有時很想坐著時光機回到過去，幫著年幼的我大聲反駁媽媽：「才不是，不會餓死，只是比較瘦！」

從國小到高中，國文和英文都是我最喜歡的科目。大學時，也認真考慮過填選外文系，結果因為父親的反對，以及當時我的偶像——補教名師徐薇的勸告，後來我填了經濟系。

徐老師固定會請班上大學聯考完後，成績最好的前三名學生吃飯，我還記得是在補習班大樓一樓的咖啡廳，她請我吃了一頓簡餐。老師漂亮、風趣又可愛，一直以來都是我的偶像，有這個機會可以和她吃飯，面對面談我的理想，簡直比考上外文系本身還值得高興。

我也是像小時候一樣，興高采烈的說：「老師，我想填臺大外文！」

結果，老師一句話，改變了我的決定，她用無比美麗溫柔的微笑對我說：「如果可以念經濟系的話，還是去念比較好，你可以考慮輔修外文，或是多修外文系的課，因為畢竟語言只是工具，而經濟系的出路較廣。」

老師的話大部分是對的，經濟系的出路的確很廣，我也因為經濟系，考上管理研究所，才有機會進P&G工作，開啟這二十年的職業生涯。如果當時填了外文系，我會更快實現我的作家夢，還是和現在一樣，仍在途上摸索呢？

站在現在看過去，看到的永遠會是「如果」、「可能」，但那都是假議題，因為現今，已經穩穩的站在這個地方，另一個時空的自己，無法探究，的確只能留待想像。

被 Google 演算法擊中而改變的人生

工作很久之後，我感覺自己變成一個很會開會、很會寫電子郵件，以及很會做投影片的人，而這些專長，全都很難稱之為一技之長。有時看戰爭片裡頭，難民們顛沛流離的生活，也會不禁幻想，如果今天換作是我，不知道該以什麼營生？

實際上日復一日，推著我前進的，究竟是一股無法脫離現況的慣性，還是一種實現夢想的追求？

可能是中年危機，也可能是一種不願意放棄的執念，我開始去回想當初一直想走上的那條路，跟語文、寫作與閱讀有關的，而那也是我始終保持高昂興趣的文學之路。

從上海返回臺灣之後，原本就預備讓自己有一小段職場中段休息，嘗試一些在工作時不得閒也無法著力的事情。我開始在網路上搜尋有沒有能參加的讀書會或寫作班，一開始只是想找小型規模的教學機構，結果，可能是我搜尋技巧不好，找到的都是國高中作文補習班，或是各式各樣的聖經、佛經讀經班。

直到有一天，網路上看到了北藝大文學跨域創作所的招生廣告，這是Google的演算法丟給我的網頁，還是上天的旨意？總之動心之餘，我也開始認真的準備。由於看到廣告時，已經錯失了第一屆報名的期限，我只好利用接下來的一年準備，希望能報考下一屆。

我還在企業工作時，一直保有寫作的習慣，除了日記之外，也會寫一些傷春悲秋、不知所云的文藝小品。寫完之後，就埋在硬碟中那個取名叫 Secret 的資料夾中。不是因為我覺得寫作是我的祕密，而是看過《祕密》（*The Secret*）這本書後，覺得當中的「吸引力法則」非常有道理。可能默默的有一天，我還是希望自己能夠走上寫作之路吧。

文學所報考的備審資料之一，便是作品集，別人準備了些什麼我不知道，但我自己有的，就是 Secret 資料夾中不成氣候的文章，自己再打開來看都不禁搖頭，這些能稱得上作品嗎？但也只能面對自己的不足，想辦法拼湊出至少有個樣子的文章吧。我開始找出堪讀堪修的小說、散文修改。若是覺得怎麼改都不對勁，就重新再寫一篇。

對於沒有經過寫作訓練也無人指導的我，這樣的工作是毫無頭緒且反覆無常的，我每天四點起床，坐在漆黑的書房，打開檯燈，開始敲打鍵盤。有時候一天內可以寫很多，有時候同一天內又刪去更多，更慘的是，隔天再接續時，完全忘記前一天想怎麼繼續寫下去。

但是這種每天早起埋首於寫作的生活，卻是我人生到當時為止，最享受的一段時光。過去的工作，經常需要溝通，需要眾人合力才能完成一件目標，在企業中，很難說哪一件事情是屬於你自己的作品。唯有寫作，以及自己寫出的文字，才是非我不可，僅從我而出的。

過去工作時花費最多的時間，便是讓別人接受我的觀點，和聽懂別人的言下之意，每天都耗費表面與深層的聽說之間，試圖去解譯每個人的話語和意圖，那樣的迴路累加二十年後，你就會非常享受只有自己一個人讀、思、寫的時光，不管產出的東西有沒有人看到，或是有沒有人能了解。

但那樣的作品集怎麼能通過第一階段審查，我還來不及費疑猜，就要面對第二階段的口試。說實在話，雖然為自己準備了兩張A4的Q&A猜題，但我不覺得任何一題會被問到，因為這是一間藝術大學，藝術大學的口試是無法準備的，因為藝術本身就是一種捉摸不定的驚喜不是嗎？去口試那天，我告訴自己這是盡人事聽天命，做任何一件嘗試，起了一個頭，就要好好的結束，也才能對得起自己這一年的等待與嘗試。

口試當天，果然第一個問題就將我擊倒了。結巴的講完自我介紹之後，主考官中看起來最具藝術氣息與權威感的那一位教授，問了我一題：「妳覺得，什麼是欲望？」雖然已經做足了「不可能準備之面試」的心理準備，但心中還是暗暗佩服，這，就是藝術大學該問的問題！

出了口試考場之後，陪考的先生、女兒和兒子，竟然不見蹤跡，原來兒子在等待我口試的同時，掉進了藝大咖啡館的烏龜池當中，先生只好帶他出校買乾淨的衣服換穿。

小孩不能理解我為什麼這麼倒楣要考試，我也不能理解為什麼他可以玩到掉進烏龜池中，但家人大概就是不能相互理解，也會相互鼓勵的群體吧。兒子對我說：「媽媽，這間學校太酷了，一定很難考上，沒考上的話不要難過，我們還是可以來玩！」

嘴巴雖說不在意、入圍即肯定，但這些話大概就跟「想吃什麼？隨便都可以。」一樣，同為世紀十大口是心非謊言之一。表定放榜的那一天，我依舊是清晨四點便起床，明知道到下午才會放榜，還是不停的重複刷新頁面。

大約重複九千八百次，我終於刷出了榜單，上面「竟然」有我的名字，用竟然兩字，是因為自己完全沒想到會考上，而原本刷著榜單，也只是想得到一翻兩瞪眼的結果，說服自己這是一場妄夢，夢過就算了，好好回到現實生活。

想對自己說：謝謝妳走到這裡

朋友、家人大都能理解我的選擇與嘗試，但是最重要的還是自己怎麼看待自己的選擇，以及為自己的選擇負責。

從二〇二〇年開始，我便脫離習慣也擅長的商業職場，重回學生生活，學習自己真正感興趣，卻一直錯過的文學與創作。每天上學要花非常久的時間，回到家之後也有看不完的書、寫不完的字，變得無暇和以前的同事或朋友保持聯絡；假日經常足不出戶，沒課時在家閱讀寫作。一、兩天沒出門，除了先生、小孩沒和其他活人說話，也是常有的事。

也要感謝學校的環境，讓我在文學創作之餘，能整理自己過去工作的經驗所得，與各位分享。

作為文字工作者，生活習慣和必備技能和之前大不相同，但利用這本書的寫作時間，讓我能細細回憶過去工作各種點滴，無論挑戰大小，成功失敗，時時刻刻面臨的挑戰，挫折之後的轉機，在在成為我人生的養分，也讓我更能勇敢的追求夢想，更重要的是，看清楚自己「已經擁有的」與「即將面對的」，並無懼於當前的不確定性。

或許未來我會繼續專心全職創作，也或許我會重返職場，將寫作當成衷情的寄託；但無論如何，我都要跟過去二十年的自己說聲謝謝：「妳做得非常好！」因為過去的努力，才能讓現在的我享受追夢的快樂。

也希望這本書能給予讀者在職場上順利前進的祕訣，接受失敗的勇氣，更重要的是，從每一次挫折中成長，幽默以對自己的跌撞，且能維持優雅心態，且戰且走，直到智慧的彼岸。

職升機位有限，快速預定指南

- 接受現狀，對未來鼓起勇氣，做出不同嘗試。
- 總有一些夢想，在企業中無法實現。當職場上利基點已穩固，不妨考慮開啟斜槓人生。
- 向過去努力的自己道謝，並認真對待將來的每一天。

跋

知名作家、編劇／劉梓潔

即使菜，讀完這本書，也能變成無可挑剔的天菜。

化困境為武器，化挫折為勇氣，艾珊慷慨傳授了無數職場錦囊，我在之中讀到的是滿滿的真誠與感謝。推薦給跌倒也仍然優雅的你。

國家圖書館出版品預行編目（CIP）資料

做自己，還是坐職升機？：人人羨慕的工作金飯碗，永遠附贈難嚥的隔夜菜／郭艾珊著. --初版-- 臺北市：大是文化有限公司, 2021.11
320面；14.8 × 21公分. --（Biz；378）
ISBN 978-986-0742-93-0（平裝）

1. 職場成功法　2. 職場工作術

494.35　　110013874

Biz 378

做自己，還是坐職升機？

人人羨慕的工作金飯碗，永遠附贈難嚥的隔夜菜

作　　者／郭艾珊
封面攝影／吳毅平
責任編輯／蕭麗娟
校對編輯／連珮祺
美術編輯／林彥君
副總編輯／顏惠君
總 編 輯／吳依瑋
發 行 人／徐仲秋
會　　計／許鳳雪
版權經理／郝麗珍
行銷企劃／徐千晴
業務助理／李秀蕙
業務專員／馬絮盈、留婉茹
業務經理／林裕安
總 經 理／陳絜吾

出 版 者／大是文化有限公司
臺北市 100 衡陽路 7 號 8 樓
編輯部電話：（02）23757911
購書相關諮詢請洽：（02）23757911 分機 122
24 小時讀者服務傳真：（02）23756999
讀者服務 E-mail：haom@ms28.hinet.net
郵政劃撥帳號：19983366　戶名：大是文化有限公司
法律顧問／永然聯合法律事務所
香港發行／豐達出版發行有限公司 Rich Publishing & Distribution Ltd
地址：香港柴灣永泰道 70 號柴灣工業城第 2 期 1805 室
Unit 1805, Ph. 2, Chai Wan Ind City, 70 Wing Tai Rd,Chai Wan, Hong Kong
電話：2172-6513　傳真：2172-4355
E-mail：cary@subseasy.com.hk

封面設計／林雯瑛
內頁排版設計／ Judy
印　　刷／緯峰印刷股份有限公司
出版日期／ 2021 年 11 月初版
定　　價／新臺幣 380 元（缺頁或裝訂錯誤的書，請寄回更換）
ISBN 978-986-0742-93-0
電子書 ISBN ／ 9786267041215（PDF）
9786267041222（EPUB）